零基础学 R语言

数学计算、统计模型与金融大数据分析

丰士昌 著

U0298820

清华大学出版社
北京

内 容 简 介

R 具有高效的数据存储和数据处理功能，随着大数据技术的崛起，R 语言已成为大数据处理必备的工具之一。

R 语言并不是独立存在的程序设计语言，我们习惯说的 R 其实是指 R 系统。本书从建立 R 系统的基本环境入手，讲述 R 语言的基本函数及数据分析图形的绘制，用丰富的范例来讲解 R 语言的基础知识，并切入三个热门领域：金融分析、统计模型、数学计算。通过解析在这些领域的实用案例及数据处理分析的过程，让你在最短的时间内掌握 R 语言的核心知识，并可以用这些知识解决自己实际工作中遇到的问题。

若你是初学者，本书可以作为你学习 R 语言应用基础的快速入门教材。若你有一定基础，本书则可以进一步拓展你的视野，提升你使用 R 系统进行专业数据分析的能力。

本书为博硕文化股份有限公司授权出版发行的中文简体字版本。

北京市版权局著作权合同登记号　图字：01-2018-0752

图书在版编目（CIP）数据

零基础学 R 语言数学计算、统计模型与金融大数据分析 / 丰士昌著.—北京：清华大学出版社，2018
ISBN 978-7-302-50285-2

Ⅰ．①零… Ⅱ．①丰… Ⅲ．①程序语言－程序设计Ⅳ．①TP312

中国版本图书馆 CIP 数据核字(2018)第 112035 号

责任编辑： 夏毓彦
封面设计： 王　翔
责任校对： 闫秀华
责任印制： 杨　艳

出版发行： 清华大学出版社
　　　　　网　　址：http://www.tup.com.cn，http://www.wqbook.com
　　　　　地　　址：北京清华大学学研大厦 A 座　　邮　　编：100084
　　　　　社 总 机：010-62770175　　邮　　购：010-62786544
　　　　　投稿与读者服务：010-62776969，c-service@tup.tsinghua.edu.cn
　　　　　质量反馈：010-62772015，zhiliang@tup.tsinghua.edu.cn
印 装 者： 北京国马印刷厂
经　　销： 全国新华书店
开　　本： 190mm×260mm　　**印　张：** 17.75　　**字　　数：** 454 千字
版　　次： 2018 年 8 月第 1 版　　**印　　次：** 2018 年 8 月第 1 次印刷
定　　价： 59.00 元

产品编号：078580-01

前　言

R 语言并不是独立存在的程序设计语言，当我们单独称 R 而不是 R 语言时，其实是指 R 系统。R 是用于统计分析、绘图的语言和操作环境，或者说 R 是一个集成的环境，其中包含一整套数据操作、计算和图形绘制的软件包。R 定位于提供一个完善和统一的系统，所以 R 语言并不会脱离 R 环境而独立存在，因而不像其他数据分析语言那样成为一个附属工具。

作为 GNU 系统的一个自由、免费、源代码开放的软件环境，R 具有高效的数据存储和处理功能、一整套完整的数组和矩阵计算能力以及开放、完整的数据分析体系，同时为数据分析、统计及其结果的图形展示提供了强大的绘图功能。随着大数据技术的兴起，R 也成为大数据处理必备的工具之一。

R 语言在矩阵处理、统计分析、金融应用、图表绘制等方面都拥有十分便捷的函数与工具，操作方式十分类似 MATLAB 语言。将 R 应用于数学计算、统计模型，特别是股票和期货等金融交易数据的分析、回测，甚至是行情走势的研判，变得越来越热门。例如，只需要寥寥几条语句就可以绘制出专业的 K 线图、均线系统、布林线、MACD 等技术图形。

目前，每年都会举办 R 语言大会，届时邀请学界与产业界的人士发表最新的开发工具或产业应用。微软公司在 2015 年 1 月宣布收购了 R 的商业方案提供商 Revolution Analytics，可见 R 语言也是一个被看好的工具软件。

为了让初学者迅速步入 R 语言的殿堂，本书从 R 基本环境的建立开始介绍，而后切入 R 语言的基本函数和分析图形的绘制，在丰富的范例中迅速掌握 R 的核心知识，以便读者可以继续自学，为提升 R 的应用能力打下坚实的基础。本书还花了不少篇幅教授读者如何从公开的信息网站和财经网站获取实际的证券、期货交易的历史数据，并以此数据为基础在范例中加以运用，达到在实战中学习的效果。

本书从一般性的使用、函数介绍与图表绘制开始，让读者快速地对 R 具备基本的使用技能，接下来从三个热门的领域：数学计算、统计模型与金融分析介绍实用的案例。

如果你对这些领域之一感兴趣，并想试试 R 在这些领域的功力，即大数据分析和处理、数学计算、统计分析、财务数据分析、证券交易数据分析与研判等，那么本书就非常适合你用来打通自己潜力的"任督二脉"。

虽然本书在撰写与编排上力求尽善尽美，但是疏漏之处在所难免，恳请读者与专家不吝指正。

丰士昌

目　录

第1章　建立 R 语言的环境 1

　1.1　认识 R 语言 1

　　1.1.1　R 语言的诞生 1

　　1.1.2　关于大数据 2

　　1.1.3　R 语言在大数据中的应用 4

　1.2　单机版的 R 语言 6

　　1.2.1　在 Windows 上安装 R 语言软件 6

　　1.2.2　在 Linux 上安装 R 语言软件 10

　　1.2.3　第一次使用 R 语言 12

　1.3　服务器上的 R 语言 13

　　1.3.1　为什么要连接到服务器 14

　　1.3.2　远程连接操作的方式 14

　　1.3.3　将服务器的图形映射到客户端 18

第2章　R 语言的内建工具 25

　2.1　变量定义与逻辑判断 25

　2.2　数值与向量 26

　　2.2.1　数值的基本运算 26

　　2.2.2　数值的科学函数 30

　　2.2.3　向量函数 33

　2.3　数组与矩阵 38

　　2.3.1　数组与矩阵的产生与命名 38

　　2.3.2　数组的合并与矩阵的转换 42

　　2.3.3　矩阵的计算 45

　　2.3.4　矩阵的数值分解 49

　2.4　数据的处理 51

　　2.4.1　变量的处理工具 51

　　2.4.2　数据的读入与输出 57

　　2.4.3　数据的排序 64

　　2.4.4　数据的分割与合并 65

　2.5　文字的处理 67

2.5.1　字符串的产生 67
2.5.2　字符串的显示 68
2.5.3　字符串内容的搜索 70
2.5.4　字符串内容的提取 74
2.5.5　字符串的替换与组合 75
2.5.6　缺失项（NA）的处理 77
2.6　其他 79
2.6.1　外部软件包与程序的加载 79
2.6.2　系统环境命令 86
2.6.3　日期、时间相关的函数 88

第 3 章　外部数据的读取 90
3.1　文本文件的读取 90
3.1.1　将文本文件内容存为变量 90
3.1.2　根据固定字符分隔字段 91
3.1.3　通过 Linux 指令转换字段格式 92
3.1.4　范例实践 97
3.2　数据库的读取 98
3.2.1　创建 MySQL 数据库与数据表 99
3.2.2　使用数据库语句存取数据 100
3.2.3　安装和使用 RMySQL 104
3.2.4　使用 R 读取数据库内容 105
3.2.5　使用 R 将内容写入或更新数据库 106

第 4 章　程序逻辑结构 108
4.1　函数 108
4.1.1　使用已经存在的函数 108
4.1.2　自行定义与使用函数 109
4.2　判断 110
4.2.1　逻辑判断表达式 110
4.2.2　条件判断语句 111
4.3　循环 112
4.3.1　for 循环 112
4.3.2　while 循环 115
4.3.3　repeat 循环 117
4.3.4　break 跳出循环 118
4.3.5　next 跳过此次循环 118
4.4　创建自己的 R 语言程序 119
4.4.1　Source 与 R Script 119
4.4.2　在外部执行 R Script 120

第 5 章 图形的绘制 125

5.1 系统环境 125

5.2 图形函数 125

    5.2.1 par 函数 125

    5.2.2 Line Chart（线图）.. 128

    5.2.3 Dot Plot（点图）.. 130

    5.2.4 Bar Plot（条形图）.. 131

    5.2.5 histogram（直方图）... 133

    5.2.6 Pie Chart（饼图）.. 134

    5.2.7 Density Plot（密度图）....................................... 136

    5.2.8 Box Plot（箱线图、盒须图）.............................. 138

    5.2.9 abline、curve（直线、曲线）.............................. 139

    5.2.10 text（辅助文字）... 142

    5.2.11 Saving Graphs（保存图形）............................... 143

5.3 绘图范例 143

第 6 章 数值分析与矩阵计算 146

6.1 数值分析函数 146

    6.1.1 数值精度 146

    6.1.2 四舍五入误差 147

    6.1.3 R 的内建数值与数学函数 149

    6.1.4 多项式函数 150

    6.1.5 方程式的解 155

6.2 矩阵应用函数 158

    6.2.1 行列式 159

    6.2.2 逆矩阵 160

    6.2.3 特征值与特征向量 160

    6.2.4 矩阵分解 161

6.3 矩阵计算范例 164

    6.3.1 矩阵的 N 次方 165

    6.3.2 Fibonacci 数列 166

    6.3.3 特征向量的中心性 167

6.4 微分方程组范例 168

    6.4.1 常微分方程式 169

    6.4.2 边界值问题 171

第 7 章 统计模型的建构与分析 174

7.1 概率函数的应用 174

    7.1.1 一般概率的计算 174

    7.1.2 概率分布 174

　　　　7.1.3　随机变量 180

　7.2　统计函数的应用 182

　　　　7.2.1　基本统计的计算 182

　　　　7.2.2　评估置信区间 185

　　　　7.2.3　执行统计检验 187

　7.3　图形与模型的应用 190

　　　　7.3.1　绘制统计图形 190

　　　　7.3.2　线性回归模型 194

第 8 章　金融工具的分析与使用 197

　8.1　金融函数的应用 197

　　　　8.1.1　时间序列分析 197

　　　　8.1.2　回报率与杠杆原理 212

　　　　8.1.3　债券收益率与期限结构 214

　　　　8.1.4　投资组合理论 215

　8.2　图形与模型的应用 217

　　　　8.2.1　Black-Scholes 模型 217

　　　　8.2.2　套期保值模型 218

　　　　8.2.3　Delta 避险 220

　8.3　金融软件包的应用：quantmod 221

　　　　8.3.1　安装与加载 221

　　　　8.3.2　获取数据并绘图 223

　　　　8.3.3　数据的读取 225

　　　　8.3.4　K 线图的绘制 227

　　　　8.3.5　TTR 技术指标的应用 230

第 9 章　金融大数据的挖掘 234

　9.1　获取历史数据和信息 234

　　　　9.1.1　了解数据的来源与获取 234

　　　　9.1.2　了解时间单位不同的差距 235

　　　　9.1.3　网络上的公开信息 236

　9.2　公司基本资料与股票市场的分析 238

　　　　9.2.1　公开信息的分析与获取 239

　　　　9.2.2　分析公司的基本资料 243

　　　　9.2.3　图表的绘制与输出 244

　　　　9.2.4　股价的分析与策略 245

　9.3　期货交易的分析与回测 246

　　　　9.3.1　了解期货交易所的数据 246

　　　　9.3.2　在 R 中读取交易数据 246

　　　　9.3.3　数据的分析与计算 246

　　　　9.3.4　图表的绘制与输出 248

第 10 章 平顺衔接 MATLAB 251

    10.1 MATLAB 的安装与加载 251

    10.2 介绍 MATLAB 软件包内的函数 251

    10.3 Rcpp 267

        10.3.1 认识 Rcpp 267

        10.3.2 安装工具软件包 267

        10.3.3 Rcpp 范例与性能测试 271

第 1 章 建立 R 语言的环境

R 语言是当今排名进入前 10 的程序设计语言，也是大数据处理的常用工具之一。在本章中，我们将从认识 R 语言开始逐步介绍在不同系统上的安装方式，分析解释型与编译型语言的差异，并介绍在服务器端的用法。

1.1 认识 R 语言

1.1.1 R 语言的诞生

R 语言是由新西兰奥克兰大学（The University of Auckland）的 Ross Ihaka 和 Robert Gentleman 所开发的，两人名字开头都为 R，因此就以 R 语言来命名。R 语言是一个 GNU 项目，源代码可自由地下载、修改、发布，并有编译好的软件可直接使用，可在多种平台下执行，如 Windows、UNIX、Linux、FreeBSD 与 MacOS 等，如今已交由"R 开发核心团队"负责后续的开发。

R 语言是一种高级[1]解释型[2]语言，本身也是一个系统，其中包含许多常用的科学工具，对于非信息相关背景的人士容易上手，因此在短短的数年中，R 已经在热门开发软件[3]中上升到前 15 名。

R 语言在矩阵处理、统计分析、金融应用、图表绘制等方面都拥有十分便捷的函数与工具，操作方式十分类似 MATLAB 语言。目前，每年都会举办 R 语言大会，邀请学界与产业界的人士发表新的开发工具或产业应用。微软公司在 2015 年 1 月宣布收购 R 的商业方案提供商 Revolution Analytics，可见 R 工具软件被市场看好。

R 的官方网站为 https://www.r-project.org/，其中包含一般性的介绍、软件的下载、帮助文件与参考资料等，如图 1-1 所示。

---

[1] 高低级程序设计语言是对计算机而言的名词，低级语言接近于机器语言，计算机易懂而人难学；高级语言则相反，人好学但计算机必须花更多时间理解和处理。因此，高级语言容易入门，但处理性能较差。
[2] 许多计算机语言（如 C 语言）需要编译后计算机才能执行，解释型的语言不需要编译，直接在运行环境中执行就可以得到结果。R 语言本身是解释型的语言，但提供了 Rcpp 的软件包供用户转换成语法编译，以提供执行性能。
[3] 在 TIOBE（https://www.tiobe.com/tiobe-index/）的资料中，R 语言从 2015 年的第 44 名上升到 2016 年 12 月的第 17 名，到 2017 年 12 月更是上升到第 8 名。

图 1-1

R 是一个开放源代码的自由软件，在国内外都拥有社区网站（网上论坛），提供使用的心得、讨论区以及更多的帮助文件。R 语言中文论坛网站如图 1-2 所示。

图 1-2

1.1.2 关于大数据

大数据是近年来兴起的一个名词，意指海量的数据分析与应用。和传统的数据分析相比，大数据更强调互动行为的数据分析，包括人与人的互动、人与物的互动。缺乏互动行为的庞大数据较难创造商业营利模式，将偏向理论性的研究。

约在 2000 年初期，在谷歌地图（Google Map）尚未出现之前，曾有一家地图服务公司（以下简称 A 公司）拥有最全的地图信息并制作了友好的网页界面，结合本地的项目与店家的联系信息，但最后的营收却不如预期，且在谷歌（Google）推出地图服务后被快速超越了，为何会如此呢？

地图信息拥有大量丰富且具有互动性的数据，很显然是大数据的一种类型，可是缺乏 3G 或 4G 网络以及方便、可携带式的移动设备（如手机或平板电脑）就无法产生互动的应用。我们坐在交通工具上拿着手机使用微信就可以和朋友互动，在路上搜索附近的店家也可以产生消费者与商店的互动，因此这一切互动应用在云计算（Cloud Computing）和云网络（Cloud Web）兴起且移动设备普及之后才能真正发挥作用。

　　大数据是在云计算之后产生的名词。当网络的基础设施已经完备之后，用户通过移动设备产生的互动行为就可以累积成有价值的大数据。因此，回到刚刚所提到的 A 公司，很显然是推出服务时没有网络的基础设施，并且缺乏相关的应用作为支撑，导致实用性不如预期，后期也没有持续跟上市场发展的脚步。

　　一般把大数据的应用分为以下三类。

❖　记录文件的应用

　　记录文件的工具是最常被使用的大数据分析工具，最常见的是从网页的操作行为中进行分析。例如，中国最大的购物网站之一——京东商城（https://www.jd.com/）就会分析客户购物的记录，并向客户推销他们可能感兴趣的商品，如图 1-3 所示。当我们曾经购买了日光灯管，下次登录该网站时，就会在该网站网页下方的广告中自动出现其他日光灯管的相关产品。

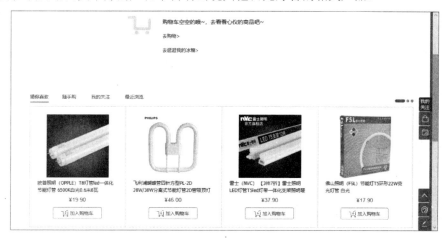

图 1-3

❖　社区用户行为

　　目前有许多大型的社交网站，如 QQ、微博、百度贴吧、微信等，社区用户的行为记录与分析也是大数据的应用之一。举例来说，通过点赞的数量、关键词的分析等就能进行用户意向的分析。

　　另外，很多人会在社交网站上分享个人的身体状况，当一个人的好友们谈论到"生病""感冒"等话题时，就可以对所在的区域进行分析，作为流行疾病开始发展的判断依据。

❖　物联网

　　物联网是将人与人、人与物、物与物建立起关联关系而串接起来的大型网络。在物联网中，我们会寻找关联性高的人与物，例如一堆人出门吃饭时，很多人会表达"吃什么好？"（跟随者），会有一些人提供意见，称为"意见领袖"。团体中的意见领袖将主导（深深影响）其他人的想法与行为。以推销而言，通过意见领袖传达的效果会远高于一般人；以对象或软件而言，用户越多代表营销能力越强，广告效果越优异。

　　我们将人、软件、硬件当作一个个元件，只要有关联性，就通过线条连接起来，形成一个网状的图形。

如图 1-4 所示就是一个简单的物联网关系图，其中关联性[1]高的就是关键角色。

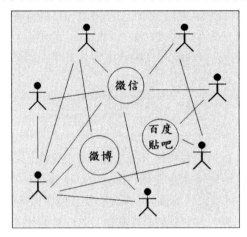

图 1-4

1.1.3　R 语言在大数据中的应用

R 语言是目前大数据应用的程序设计语言之一，使用 R 语言的理由包括下面 4 点：

❖　简单的解释型语言

对于很多程序设计学习者而言，编译[2]是一个巨大的学习障碍。R 语言是一种不需要编译的程序设计语言，让程序编写者专心于功能性的正确，不需要花费太多时间在程序语法的调试上。下面举例说明 C 语言与 R 语言矩阵变量的定义与使用方式。

在 C 语言中，如果要定义一个矩阵，我们必须正确地给定需要加载的 header 头文件，并定义变量类型，代码如下：

```
#include <stdio.h>

void main() {
  int A[3][2];

  A[1][1]=1;
  A[2][1]=2;
  A[3][1]=3;
  A[1][2]=4;
  A[2][2]=5;
  A[3][2]=6;

  }
```

---

[1] 一般学术的用语称为中心性（Centrality），目前有多种中心性的计算方式，包括 Degree Centrality、Closeness Centrality、Betweenness Centrality、Eigenvector Centrality、Katz Centrality 等，读者有兴趣可参考 https://en.wikipedia.org/wiki/Centrality。
[2] 编译，英文为 compile，程序设计者编写了程序源代码之后，通过编译程序（compiler）转换为可执行文件。编译程序在执行时会检查程序语法、变量声明、内存分配等语句，需完全正确才能编译完成。举例来说，一般常见的 C 语言就是由程序设计者编写一个或多个扩展文件名为 c 或 cpp 的文件，通过 GCC、VC、Borland C++等编译为可执行文件（在 Windows 上为 exe 文件）之后，就可以直接运行该可执行文件。

将该文件保存为 test.c，通过编译程序编译（在 VC 中选择 Compile 或 Build 命令）为 test.exe 之后，执行 test.exe 才会生效。

在 R 语言中，定义矩阵是一件很简单的工作，通过单行语句输入即可：

matrix(c(1,2,3,4,5,6), nrow=2)

其中，c(1,2,3,4,5,6)表示 6 个向量，nrow=2 表示 row（行）的数量为 2，执行后程序垂直按序排列，代码如下：

```
> matrix(c(1,2,3,4,5,6), nrow=2)
     [,1] [,2] [,3]
[1,] 1    3    5
[2,] 2    4    6
```

或者执行：

rbind(c(1,3,5),c(2,4,6))

其中，c(1,3,5)与 c(2,4,6)表示两个向量(1,3,5)与(2,4,6)，通过 rbind（意思为 row bind）将两行合并，执行过程如下：

```
> rbind(c(1,2,3),c(4,5,6))
     [,1] [,2] [,3]
[1,] 1    3    5
[2,] 2    4    6
```

或者执行：

cbind(c(1,2),c(3,4),c(5,6))

其中，c(1,2)、c(3,4)与 c(5,6)表示三个向量(1,2)、(3,4)与(5,6)，通过 cbind（意思为 column bind）将三列合并，执行过程如下：

```
> cbind(c(1,2),c(3,4),c(5,6))
     [,1] [,2] [,3]
[1,] 1    3    5
[2,] 2    4    6
```

在 R 语言中，可以通过行或列的合并（或者直接定义矩阵）直观地呈现一个我们需要的矩阵，非常简单。

> **提示** 在现实世界的数据系统都属于与时间有关的动态系统，会记录每个时间点的数据，例如在物理上可记录每个时间点的位置、速度、能量等，在金融上可记录每个时间点的价格、数量、指标等，因此呈现的数据类型都为数组或矩阵。

❖ **大型的数据吞吐量**

在 R 语言中，一个向量数量的理论值可达 2 的 31 次方，一个两列（例如第一列为时间，第二列为数值）的矩阵可以存储 10 亿项数据，因此一般而言，海量的数据可以存入一个大矩阵之中，直接用于运算，便于用户直接操作或设计模型。

当然，矩阵的内容多就会导致内存的耗损并延迟执行的速度，因此数据的分类、分割与预处理是十分必要的。

❖ **多样的工具软件包**

目前，在 R 语言上的软件包已经超过 7000 个，领域包含数学计算、数值分析、物理应用、金融相关等，内容包含公式计算、图表绘制、外部程序链接与数据库应用等，在各个领域中几乎都能找到对应的软件包与方便的工具。

由于 R 语言是标准的 Open Source 软件，因此任何人都可以上传自己做好的软件包到 CRAN 上（https://cran.r-project.org/submit.html），只要通过审核就能成为官方版的软件包。

❖ **免费且跨平台的软件**

R 语言是一款遵循 GNU 的自由软件，保证最终用户执行、学习、分享（复制）及编辑软件的自由，授予使用者以下权利：

- 以任何目的执行此程序。
- 将软件复制后再发行。
- 改良程序并公开发布。

目前，在常见的操作系统（如 Windows、Linux、MAC OS）上都有对应的 R 语言版本可供安装。由于软件跨平台且随处可取得，增加了方便性与流通性，让更多人愿意使用并在上面进行开发，因此成为当下流行的程序设计语言之一。

1.2 单机版的 R 语言

对于个人而言，单机版的 R 软件是最容易安装上手的，下面介绍在 Windows 与 Linux 上的安装方式。

1.2.1 在 Windows 上安装 R 语言软件

步骤01 在 Windows 上安装时，R 语言软件可到官方网站下载，如图 1-5 所示。
URL https://cran.r-project.org/bin/windows/base/

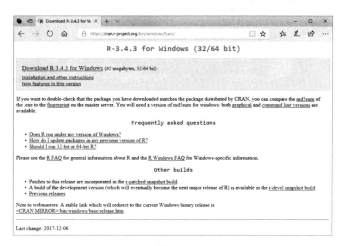

图 1-5

步骤02 下载后直接执行安装程序，可以选择安装过程的语言，如图 1-6 和图 1-7 所示。

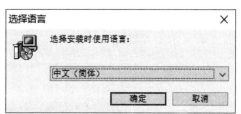

图 1-6　　　　　　　　　　　　　　　　　　　　图 1-7

步骤03 出现版权说明，单击"下一步"按钮继续，如图 1-8 所示。

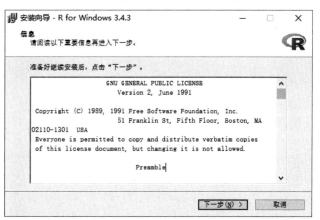

图 1-8

步骤04 显示要安装的路径，单击"下一步"按钮继续，如图 1-9 所示。

图 1-9

步骤05 选择要安装的内容，如果是 64 位的系统，可以取消勾选 "32-bit Files" 复选框（如果不取消勾选，在系统内会同时存在 32 位与 64 位的 R 语言执行程序），单击 "下一步" 按钮继续，如图 1-10 所示。

图 1-10

步骤06 使用默认值并单击 "下一步" 按钮继续，如图 1-11 所示。

图 1-11

步骤07 设置开始菜单内的程序名称，可使用默认值并单击 "下一步" 按钮继续，如图 1-12 所示。

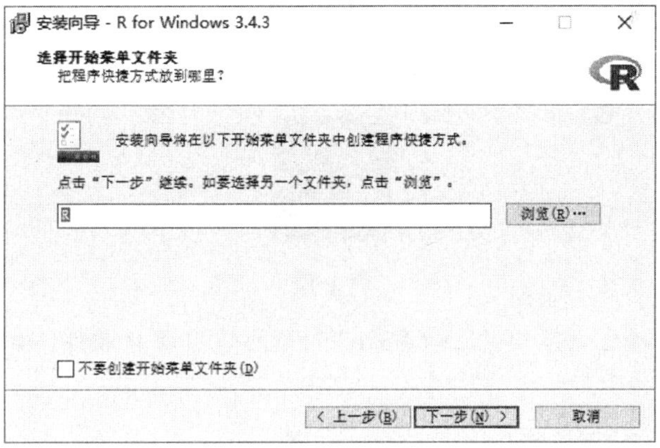

图 1-12

步骤08 执行后续的设置（包括创建桌面快捷方式、快速启动、登录等），可使用默认值并单击 "下一步" 按钮继续，如图 1-13 所示。

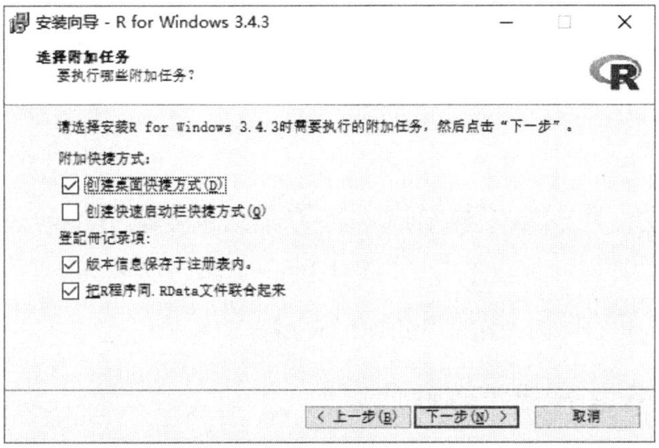

图 1-13

步骤09 单击 "结束" 按钮完成安装，如图 1-14 所示。

图 1-14

步骤10 安装后在桌面上会出现 R 的快捷方式，根据安装过程（见图 1-10）中的选择会有 64 位的快捷方式，如图 1-15 所示。

图 1-15

步骤11 如果主机为 64 位，双击"R×64 3.4.3[1]"就可以启动 R 软件，如图 1-16 所示。

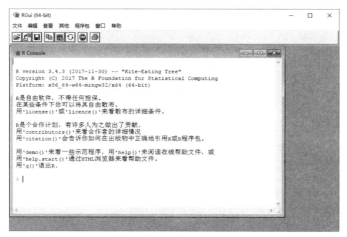

图 1-16

在光标处可以输入 R 语言的语句，开始使用 R 语言。

1.2.2 在 Linux 上安装 R 语言软件

在 Linux 上安装 R 语言可以通过软件包直接安装，如果是 RPM 系列（如 Red Hat Enterprise、Fedora、CentOS 等）的系统，可执行以下三行命令：

yum install -y epel-release

yum update -y

yum install -y R

如果是 DEB 系列（如 Ubuntu、Debian）的系统，安装过程如下：

```
# apt-get install r-base
正在读取软件包列表... 完成
正在分析软件包的依赖关系树
正在读取状态信息... 完成
下列的额外软件将被安装：
...

下列【新】软件包将会被安装：
...
```

---

[1] 3.4.3 为 R 语言的版本号，读者在安装时可能有更新的版本，因而版本号可能会不同。

下列软件包将会被升级:

...

升级 0 个软件包，新安装了 163 个软件包，卸载了 0 个软件包，有 11 个软件包未被升级。

需要下载 78.5 MB 的软件包文件。

解压缩后会消耗掉 312 MB 的额外空间。

```
Do you want to continue? [Y/n] Y
```
　　　　　　　　　　　　　　　　　　　　　　　　输入 Y 进行下载与安装

```
...

设置 r-cran-boot (1.3-17-1) ...
设置 r-cran-cluster (2.0.3-1) ...
设置 r-cran-foreign (0.8.66-1) ...
设置 r-cran-mass (7.3-45-1) ...
设置 r-cran-kernsmooth (2.23-15-1) ...
设置 r-cran-lattice (0.20-33-1) ...
设置 r-cran-nlme (3.1.124-1) ...
设置 r-cran-matrix (1.2-3-1) ...
设置 r-cran-mgcv (1.8-11-1) ...
设置 r-cran-survival (2.38-3-1) ...
设置 r-cran-rpart (4.1-10-1) ...
设置 r-cran-class (7.3-14-1) ...
设置 r-cran-nnet (7.3-12-1) ...
设置 r-cran-spatial (7.3-11-1) ...
设置 r-cran-codetools (0.2-14-1) ...
设置 r-recommended (3.2.3-4) ...
设置 r-base (3.2.3-4) ...
设置 liblzma-dev:amd64 (5.1.1alpha+20120614-2ubuntu2) ...
设置 r-doc-html (3.2.3-4) ...
设置 x11-utils (7.7+3) ...
设置 x11-xserver-utils (7.7+7) ...
设置 libauthen-sasl-perl (2.1600-1) ...
设置 r-base-html (3.2.3-4) ...
设置 libwww-perl (6.15-1) ...
设置 libxml-parser-perl (2.44-1build1) ...
设置 intltool (0.51.0-2) ...
设置 libxml-twig-perl (1:3.48-1) ...
设置 libnet-dbus-perl (1.1.0-3build1) ...
设置 dh-strip-nondeterminism (0.015-1) ...
设置 debhelper (9.20160115ubuntu3) ...
设置 liblwp-protocol-https-perl (6.06-2) ...
设置 dh-translations (129) ...
设置 cdbs(0.4.130ubuntu2) ...
设置 r-base-dev (3.2.3-4) ...
Processing triggers for libc-bin (2.23-0ubuntu9) ... Processing triggers for systemd
(229-4ubuntu17) ... Processing triggers for ureadahead (0.100.0-19) ...
```

安装完毕之后，在命令行中输入 "R" 即可使用 R 语言，命令如下:

```
$ R

R version 3.2.3 (2015-12-10) -- "Wooden Christmas-Tree" Copyright (C) 2015 The R Foundation
```

```
for Statistical Computing  Platform: x86_64-pc-linux-gnu (64-bit)
```

R 是自由软件，不带任何担保。
在某些条件下你可以将其自由散布。
用 'license()' 或 'licence()' 来看散布的详细条件。

R 是个合作计划，有许多人为之做出了贡献。
用 'contributors()' 来看合作者的详细情况。
用 'citation()' 会告诉你如何在出版物中正确地引用 R 或 R 程序包。

用 'demo()' 来看一些示范程序，用 'help()' 来阅读在线帮助文件，或用 'help.start()' 通过 HTML 浏览器来看帮助文件。
用 'q()' 退出 R。

>

在"＞"提示符之后可以输入 R 语言的语句，开始使用 R 语言。

1.2.3 第一次使用 R 语言

❖ Windows 环境

正确安装 R 软件后，在桌面上会显示 R 语言的快捷方式（见图 1-15），双击它之后就能启动 R 软件，进入操作环境，如图 1-16 所示。

进入 R 语言操作环境后，我们可以试着进行简单的运算，如"2+3"，程序就会返回"[1] 5"，其中 5 就是运算的结果值，而"[1]"表示一个 1×1 的矩阵[1]。更多函数的相关介绍可参阅第 2 章。

当我们要结束 R 语言时，可在提示符后输入"q()"，或者直接单击程序右上角 按钮，如图 1-17 所示。

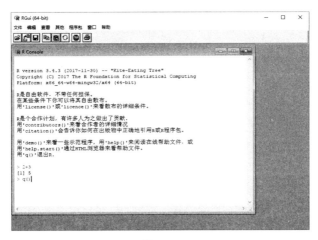

图 1-17

接着程序会询问是否保存工作空间映像（会将输入过的命令保存在历史记录中，之后可以通过 ↑ ↓ 键翻阅曾经使用过的命令或函数），如图 1-18 所示。

---

[1] 在 R 语言中，变量或数值都是以数组的方式来存储的，因此数字对 R 语言来说就是一个 1×1 的矩阵。

图 1-18

若希望保存，则可单击"是"按钮；若不保存，则可单击"否"按钮；单击"取消"按钮就会退出，即返回 R 运行环境继续使用。

❖ Linux 环境

在 Linux 环境中安装 R 语言后，就可以在命令行中输入大写的 R，命令如下：

```
$ R

R version 3.2.3 (2015-12-10) -- "Wooden Christmas-Tree" Copyright (C) 2015 The R Foundation
for Statistical Computing  Platform: x86_64-pc-linux-gnu (64-bit)

    R 是自由软件，不带任何担保。
    R 是自由软件，不带任何担保。
    在某些条件下你可以将其自由散布。
    用 'license()' 或 'licence()' 来看散布的详细条件。

    R 是个合作计划，有许多人为之做出了贡献。
    用 'contributors()' 来看合作者的详细情况。
    用 'citation()' 会告诉你如何在出版物中正确地引用 R 或 R 程序包。

    用 'demo()' 来看一些示范程序，用 'help()' 来阅读在线帮助文件，或用'help.start()'通过 HTML 浏览器
来看帮助文件。
    用 'q()' 退出 R。

> 2+3
[1] 5
```

可以直接在">"后面输入运算式或函数，返回值"[1] 5"中的 5 就是数值，而"[1]"表示一个 1×1 的矩阵。

当我们要结束 R 语言时，可在提示符后输入"q()"或者按 Ctrl+D 组合键，结果如下：

```
>
Save workspace image? [y/n/c]:
```

若希望保存，则可输入"y"；若不想保存，则可输入"n"；若要取消（返回 R 继续使用），则可输入"c"。

1.3　服务器上的 R 语言

服务器指的是一台持续运行而不停止服务的高级"计算机"，通常使用高性能的主机或专业的

品牌服务器来架设，这样的主机通常为 UNIX 或 Linux 平台，安装方式可参考 1.2.2 小节。

客户端为 Linux 或 Windows 的主机，连接到 R 服务器，通过远程控制的方式在服务器上进行计算、绘图与程序设计。

1.3.1　为什么要连接到服务器

一般在个人计算机或笔记本电脑上执行 R 语言即可，为什么要连接到服务器上执行操作呢？下面列出 4 个原因。

❖　**大数据的存放**

服务器通常具有较大且可扩充的存储设备，适合存放大型的数据，例如每天增加 1GB 以上的数据量。这样的数据并不适合存放在一般的个人计算机中，除了占据硬盘存储空间之外，调用它们用于运算的速度也较慢。

❖　**集中权限的统一管理**

服务器可以管理数据存取的权限、系统资源使用的比例、函数使用的权限等，让管理员便于管控所有的资源。举例来说，系统上有 A、B、C 三个数据库，以及甲乙两位用户，我们能够限制甲读取 A、B 两个数据库，乙读取并写入 A、C 两个数据库，而管理员只需在服务器上进行相关的设置就能轻松地管控所有权限。

❖　**稳定且精确的执行环境**

在数据和运算较多的环境中，系统的稳定性就显得特别重要。例如，一个测试程序需要运算 10 小时到 1 个月，这时使用服务器就是更好的选择，长时间的运行并不适宜在个人计算机上进行。

与一般个人计算机相比，服务器上的浮点运算精度更高，在大量运算上的准确度会优于台式计算机与笔记本电脑，因而适合进行大数据的分析与计算。

❖　**共同开发的合作平台**

如果一个团队共同开发项目或程序，在服务器上开发是一个更好的选择，除了考虑信息和数据的共享与系统的稳定性之外，团队成员可以开发彼此可共享的函数与工具，让其他成员可以使用，成为一个共同开发的平台。

1.3.2　远程连接操作的方式

步骤01　进入 PuTTY 的首页，如图 1-19 所示。

URL https://www.chiark.greenend.org.uk/~sgtatham/putty/releases/0.70.html

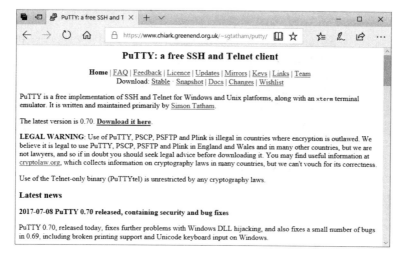

图 1-19

步骤02 单击页面中的 "Download it here" 链接，出现如图 1-20 所示的网页，根据系统的情况选择下载 Windows 版的安装程序（下载支持 32-bit 或者 64-bit 的 PuTTY 版本）。

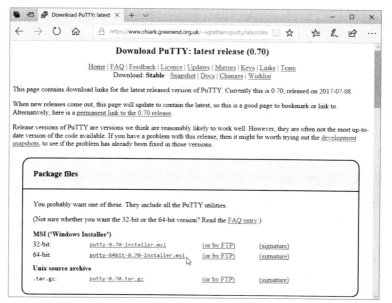

图 1-20

步骤03 下载好安装程序之后，双击即可启动，出现如图 1-21 所示的安装界面，单击 "Next" 按钮继续。

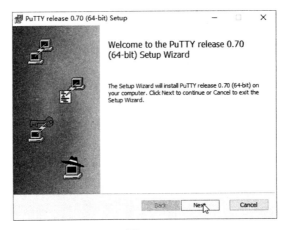

图 1-21

步骤04 显示出安装路径的界面，如果不需要修改安装路径，单击"Next"按钮继续，如图 1-22 所示。

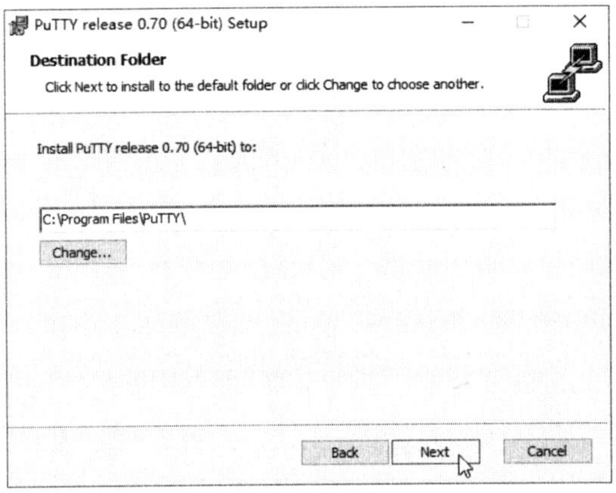

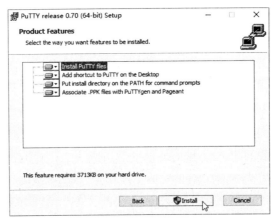

图 1-22

步骤05 出现功能安装选项的界面，根据自己的需求选择好需要的功能，再单击"Install"按钮 开始安装，如图 1-23 所示。

图 1-23

步骤06 PuTTY 成功安装后，即可显示出如图 1-24 所示的界面，单击"Finish"按钮结束安装。

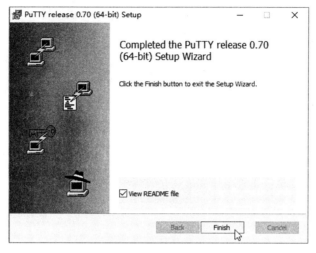

图 1-24

步骤07 通过双击 PuTTY 在桌面上的快捷方式或者在所安装的文件夹中双击安装文件即可启动 PuTTY 程序，PuTTY 启动后的屏幕显示界面如图 1-25 所示。

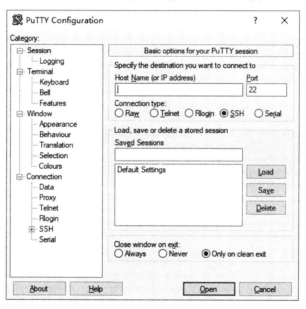

图 1-25

步骤08 要减少 PuTTY 连接远程服务器后界面中出现的中文乱码问题，需确保"Remote character set"设置为"UTF-8"，"Handling of line drawing characters"设置为"Use Unicode line drawing code points"，如图 1-26 所示。

图 1-26

步骤09 输入正确的 IP 地址或网络名称，就可以使用默认的 22 端口进行连接，如图 1-27 所示。

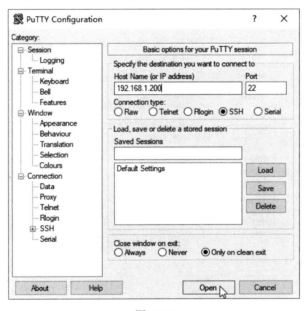

图 1-27

连接到服务器后，按照界面的提示输入登录账号（询问管理员账号和密码），接着就会要求输入密码。只要出现 "#" 或 "$" 的提示符，就代表成功从远程登录服务器系统。

1.3.3 将服务器的图形映射到客户端

R 语言最强的功能之一就是图形的绘制，而如果在服务器端绘制图形，可能无法在客户端呈现。这个问题是很容易解决的，因为 UNIX 与 Linux 的图形界面本身就是 Client/Server 的架构，即它们本身就会有 X Server（图形界面服务器），而客户端只需要安装 X Client（图形界面客户端）就可以连到 X Server，并将服务器上的图形在客户端显示出来。

❖ **Linux 的用法**

如果客户端使用的是含有窗口界面的 Linux，只要启动"终端"程序并输入以下命令就可以显示服务器上的图形：

ssh -X 地址 -l 账号

其中，"-X"就是启用 X11 Forwarding 的设置。

❖ **Windows 的用法**

从 Windows 中，要连接到服务器并映射界面，需调整 1.3.2 小节中 PuTTY 的设置，并安装启动 Windows 上的 X Client：Xming，步骤如下：

（1）启用 PuTTY 中"X11 Forwarding 的设置"

步骤01 启动 PuTTY，双击"SSH"或者单击它前面的"+"号，如图 1-28 所示，以展开各个设置项。

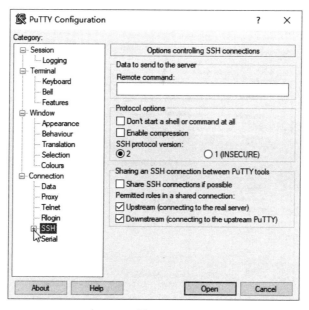

图 1-28

步骤02 单击左边窗格中的"SSH→X11"，再勾选右边窗格中的"Enable X11 forwarding"复选框，如图 1-29 所示。

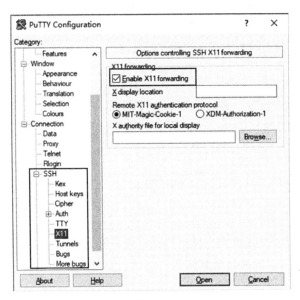

图 1-29

步骤03 单击左边窗格的"Session",并在右边窗格的"Host Name(or IP address)"字段中输入正确的地址,在 Port 字段中输入端口号(默认值为 22),单击"Save"按钮将设置保存,如图 1-30 所示。

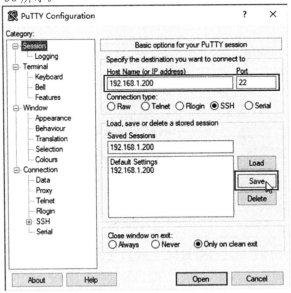

图 1-30

到此设置就完成了,单击"Open"按钮即可开启连接,下次启动 PuTTY 时就可以直接使用该设置的 IP 地址进行远程连接。

(2)安装并启用 Xming

步骤01 前往 Xming 的下载点:http://sourceforge.net/projects/xming/,单击"Download"按钮下载 Xming 安装程序,如图 1-31 所示。

图 1-31

步骤02 下载后直接执行安装程序，出现安装引导界面，单击"Next"按钮，如图 1-32 所示。

图 1-32

步骤03 选择安装的路径，单击"Next"按钮，如图 1-33 所示。

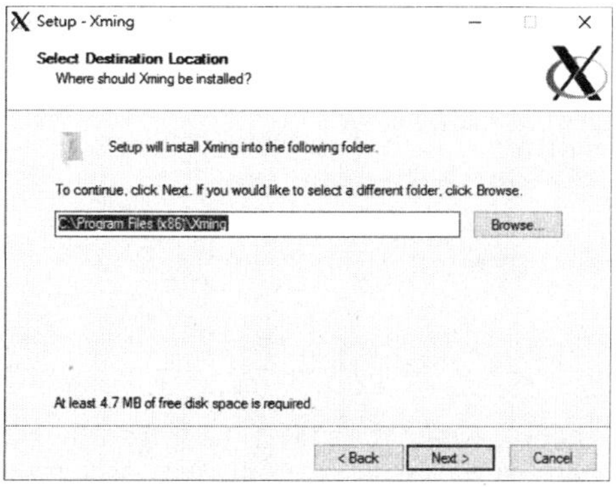

图 1-33

步骤04 选择安装的软件包（使用默认选择即可），单击"Next"按钮，如图1-34所示。

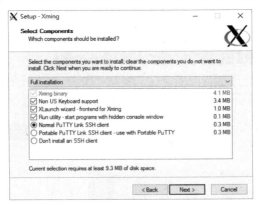

图 1-34

步骤05 选择要安装的目录（使用默认设置即可），单击"Next"按钮，如图1-35所示。

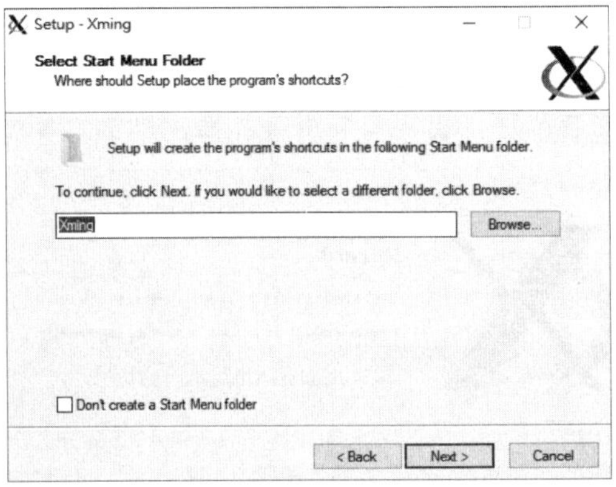

图 1-35

步骤06 选择是否在桌面上创建工具栏与快捷方式，单击"Next"按钮，如图1-36所示。

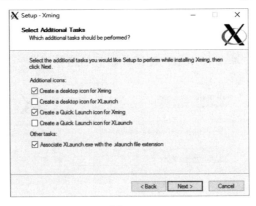

图 1-36

步骤07 接着单击"Install"按钮开始安装，如图1-37所示。

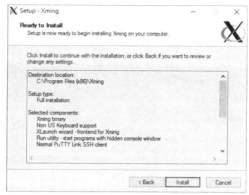

图 1-37

步骤08 安装完毕后会出现如图 1-38 所示的屏幕显示界面，单击"Finish"按钮即可完成安装。

图 1-38

完成前面的两项主要安装与设置后，就可以实现 PuTTY+Xming 连接远程的 X Server。使用 PuTTY 连上服务器后，就能在本地客户端显示图形了，例如输入"xclock"会显示小时钟，如图 1-39 所示。

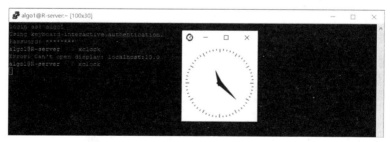

图 1-39

当我们在 R 语言中绘制 K 线图表时，会出现如图 1-40 所示的图表。

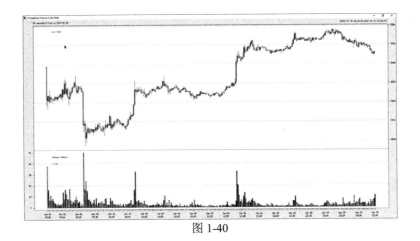

图 1-40

第 2 章　R 语言的内建工具

R 语言本身有许多方便的内建工具，如数学函数、文字处理、矩阵应用等，只要安装标准的 R 语言就可以使用这些好用的内建工具。在本章中将介绍常用的内建工具，并列举范例让读者更容易上手学习。

2.1　变量定义与逻辑判断

程序的运用除了基本的运算之外，最常被使用的就是变量的定义与逻辑判断。在 R 语言中，要设置变量的值，可使用 "="" <-" 或 "->"，例如将 x 赋值为 1 的语句如下：

```
> x = 1
> x <- 1
> 1 -> x
```

上述三种用法结果均相同，在 R 中最常被使用的方式为 "x<-1"。

> 在程序语法中，"=" 并非是 "等于"，而是 "赋值""指定为" 的意思。因此，"x=1" 的意思是将变量 x 赋值为 1，而 "x=x+1" 则是将 x 赋值为原有的 x+1 的结果，而非等号的判断。在 R 语言中，如果要进行数值或字符串相等的判断，就需使用两个等号 "=="，读者可参阅 4.2 节。

在 R 的操作环境中输入逻辑判断，程序会直接得出结果 True（真）或 False（假），例如 2 大于 1 为真，1 大于 2 为假，代码如下：

```
> 2>1
[1] TRUE
> 1>2
[1] FALSE
```

因此，在验证 if、for、while 的逻辑判断时，可以直接执行判断的语句来验证程序的逻辑结构是否正确。逻辑判断通常搭配变量使用，下面举两个例子（更多的范例可参考 4.2 节）。

1. 进行数值判断并输出文字

```
> Score<-95            ←————————————定义变量 Score 为 95
> if ( Score >=70 & Score <=90 ) {
+ print("Good")        ←————————————如果 Score 介于 70 与 90 之间，打印出 Good
```

```
+ } else if ( Score > 90 ) {
+ print("Excellent")        如果 Score 大于 90,打印出 Excellent
+ }                         在逻辑判断结束时才会进行判断
[1] "Excellent"
```

2. 进行循环计算

```
> N<-100
> sum<-0
> for ( i in 1:N ) {
+ sum<-sum+i               进行数值累加
+ }
> print(sum)
[1] 5050
```

2.2 数值与向量

数值与向量的运算是所有科学计算的基本操作,所有程序设计语言都内建了许多常用的函数、方便的函数库以供程序设计者使用。本节将介绍数值的基本运算、科学函数与向量函数的用法。

2.2.1 数值的基本运算

本小节将介绍 R 语言中的基本运算,包括四则运算以及一些简单的数学函数。

❖ 加减乘除——+、−、*、/

R 语言中提供的基本运算有加、减、乘、除,分别为"+""−""*""/",以下通过简单的操作来介绍:

```
> 6+6
[1] 12
> 6-3
[1] 3
> 6*6
[1] 36
> 6/3
[1] 2
```

变量间的运算方式类似,如下所示:

```
> x <- 1
> y <- 7
> x+y
[1] 8
> x-y
[1] -6
```

❖ 次方——^

R 语言中提供了次方运算,x 的 y 次方的语句为 x^y,以下为运算范例:

```
> 2^4
[1] 16
```

使用变量进行次方运算，范例如下：

```
> x <- 3
> y <- 2
> x^y
[1] 9
```

❖ **计算两者相除的商——/**

通过除法进行运算：x 除以 y 的语句为 x/y，以下为运算范例：

```
> 12/6
[1] 2
```

使用变量进行除法运算，范例如下：

```
> x <- 3
> y <- 2
> x/y
[1] 1.5
```

❖ **余数——%%**

在 R 语言中，如果通过余数进行运算，x 除以 y 所得余数的语句为 x%%y，以下为运算范例：

```
> 109%%10
[1] 9
```

使用变量进行余数运算，如下所示：

```
> x <- 3
> y <- 2
> x%%y
[1] 1
```

❖ **随机数生成函数—— sample**

语法：sample(x, size, replace = FALSE,...)
其中的自变量及功能见表 2-1。

表2-1

自变量	功能
X	正数，随机数的选择
Size	正数，随机数的数量
Replace	默认为 FALSE，不可重复随机数
Prob	默认为 NULL

列举两个范例如下：

1. 随机序列范例

```
> x <- 1:15
```

```
> sample(x)
[1]  9  6  2 12 13  1 14  8 11  3  7 10 15  4  5
```

2. 随机产生 8 个 10000 以内的随机数

```
> sample(10000,8)
[1] 9162 2131 5671 1701 9452 4507 8774 5501
```

❖ 正负号判断函数——sign

语法：sign(x)

其中的自变量及功能见表 2-2。

表2-2

自变量	功能
x	数值

通过 sign 获取正负号，如果该数值为正，就返回 1；如果该数值为负，就返回-1，范例如下：

```
> sign(100)
[1] 1
> sign(-100)
[1] -1
```

❖ 四舍五入函数——round

语法：round(x)

其中的自变量及功能见表 2-3。

表2-3

自变量	功能
x	数值
n	四舍五入后的有效位数

使用四舍五入函数时，有效位数 n 默认为 0，若没有输入自变量 n，则默认四舍五入到整数位，范例如下：

```
> round(4.45)
[1] 4
> round(4.56)
[1] 5
> round(1.5564573,4)
[1] 1.5565
```

❖ 取整函数——trunc

语法：trunc(x)

其中的自变量及功能见表 2-4。

表2-4

自变量	功能
x	数值

取得数值的整数部分，范例如下：

```
> trunc(5.2134568934)
[1] 5
> trunc(-432.432557)
[1] -432
```

❖ 向下取整函数——floor

语法：floor(x)

其中的自变量及功能见表 2-5。

表2-5

自变量	功能
x	数值

通过 floor 函数取得小于等于该值的整数，范例如下：

```
> floor(-4.56)
[1] -5
> floor(6.23)
[1] 6
```

❖ 向上取整函数——ceiling

语法：ceiling(x)

其中的自变量及功能见表 2-6。

表2-6

自变量	功能
x	数值

通过 ceiling 函数取得大于等于该值的整数，范例如下：

```
> ceiling(-3.43)
[1] -3
> ceiling(3.25)
[1] 4
```

❖ 显示有效位数的函数——signif

语法：signif(x)

其中的自变量及功能见表 2-7。

表2-7

自变量	功能
x	数值
n	有效位数

signif 函数将显示出有效位数 n 位，注意并不是小数点后的有效位数，可参考下面的范例：

```
> signif(1.5564573,4)
[1] 1.556
```

```
> signif(13.5564573,4)
[1] 13.56
```

2.2.2　数值的科学函数

在本节中将介绍常见的科学函数，如绝对值函数、开根号函数、三角函数以及指数和对数等函数。

❖　绝对值函数——abs

语法：abs(x)

其中的自变量及功能见表 2-8。

表2-8

自变量	功能
x	数值

取得各个数值的绝对值，范例如下：

```
> abs(100)
[1] 100
> abs(-100)
[1] 100
```

❖　开根号函数——sqrt

语法：sqrt(x)

其中的自变量及功能见表 2-9。

表2-9

自变量	功能
x	数值

取得数值的开根号值，范例如下：

```
> sqrt(100)
[1] 10
```

❖　显示 x 的 k 位有效位数（四舍五入）——signif(x,k)

语法：signif(x,k)

其中的自变量及功能见表 2-10。

表2-10

自变量	功能
x	数值
k	有效位数

signif 函数可以将数值显示出指定的小数位数，范例如下：

```
> pi
[1] 3.141593
```

```
> signif(pi,5)
[1] 3.1416
```

❖　指数函数——exp

语法：exp(x)

其中的自变量及功能见表 2-11。

表2-11

自变量	功能
x	数值

exp 函数可以计算自然底数的指数数值，范例如下：

```
> exp(1)
[1] 2.718282
```

❖　对数函数——log

语法：log(x)

其中的自变量及功能见表 2-12。

表2-12

自变量	功能
x	数值

通过简单范例来介绍 log 函数，范例如下：

```
> log(6)
[1] 1.791759
> log(exp(3))
[1] 3
```

❖　三角函数——sin、cos、tan

语法：sin(x)、cos(x)、tan(x)

其中的自变量及功能见表 2-13。

表2-13

自变量	功能
x	数值

R 语言提供了三角函数模型，可以直接算出 sin、cos、tan 值，范例如下：

```
> sin(1)
[1] 0.841471
> cos(1)
[1] 0.5403023
> tan(1)
[1] 1.557408
```

❖　n 阶乘——factorial

语法：factorial(x)

其中的自变量及功能见表2-14。

表2-14

自变量	功能
x	数值

计算 n 阶乘（n!），通过 factorial 函数就可以计算阶乘的值，范例如下：

```
> factorial(1)
[1] 1
> factorial(2)
[1] 2
> factorial(3)
[1] 6
> factorial(4)
[1] 24
> factorial(5)
[1] 120
```

❖ 在 n 中取 k 的可能组合函数——choose

语法：choose(n,k)

其中的自变量及功能见表 2-15。

表2-15

自变量	功能
n	数值
k	取出数值

在数学的排列组合中，计算组合数的函数为 C_n^k，即计算从 n 个元素中取 k 个元素一共有多少种取法，范例如下：

```
> choose(5,2)
[1] 10
> choose(6,3)
[1] 20
```

❖ 定积分——integrate

语法：integrate(f, lower, upper)

其中的自变量及功能见表2-16。

表2-16

自变量	功能
f	数值
lower	定积分整合的下限
upper	定积分整合的上限

integrate 为定积分函数，需先定义一个函数，再使用 integrate 计算函数在指定范围积分的数值，范例如下：

```
> F <- function(x) {(x+1)^2}
```

```
> integrate(F, lower = 2, upper = 11)
567 with absolute error < 6.3e-12
```

上述运算过程的意思如同下面的数学计算公式：

$$\int_{2}^{11}(x+1)^2 \, \mathrm{d}x = 567$$

误差值小于 6.3×10^{-12}。

2.2.3　向量函数

本小节将介绍常用的向量函数，包括向量的产生、增减、加总、累计、最大与最小等。

❖　**产生数值序列——seq**

语法：seq(x)

其中的自变量及功能见表 2-17。

表2-17

自变量	功能
x	产生序列的对象
from,to	序列的起点与终点
by	递增的序列
length.out	所需序列的长度
along.with	参数的长度

产生简单的序列，范例如下：

```
> seq(1,10)
[1]  1  2  3  4  5  6  7  8  9 10
```

产生固定数量的序列，范例如下：

```
> seq(1, 2, length.out=4)
[1] 1.000000 1.333333 1.666667 2.000000
```

产生间隔为 10 的数值序列，范例如下：

```
> seq(0, 30, by = 10)
[1]  0 10 20 30
```

❖　**查询或定义向量名称——names**

语法：names(x)

其中的自变量及功能见表 2-18。

表2-18

自变量	功能
x	R 对象

建立向量的名称，范例如下：

```
> x <- 1:3
```

```
> x
[1] 1 2 3
> names(x) <- c('a','b','c')
> x
a b c
1 2 3
```

查询向量的名称，范例如下：

```
> names(x)
[1] "a" "b" "c"
```

❖ **显示对象的长度——length**

语法：length(x)

其中的自变量及功能见表2-19。

表2-19

自变量	功能
x	对象
value	强制转换为整数

查看 z 变量的长度，范例如下：

```
> z <- 1:1000
> length(z)
[1] 1000
```

查看矩阵的长度：

```
> diag(5)
     [,1] [,2] [,3] [,4] [,5]
[1,]  1    0    0    0    0
[2,]  0    1    0    0    0
[3,]  0    0    1    0    0
[4,]  0    0    0    1    0
[5,]  0    0    0    0    1
> length(diag(5))
[1] 25
```

❖ **删除向量内的元素——x[-i]**

如果要删除向量内的值，可以通过中括号指定删除的元素，范例如下：

```
> x <- c(1,2,3,4,5)
> x
[1] 1 2 3 4 5
> x[-3]
[1] 1 2 4 5
```

❖ **向量数值的总和——sum**

语法：sum(x)

其中的自变量及功能见表 2-20。

表2-20

自变量	功能
x	向量
na.rm	缺失项是否要删除

将计算向量中数值的总和，范例如下：

```
> x <- 1:10
> x
[1]  1  2  3  4  5  6  7  8  9 10
> sum(x)
[1] 55
```

❖ 向量累计加总——cumsum

语法：cumsum(x)

其中的自变量及功能见表 2-21。

表2-21

自变量	功能
x	向量

cumsum 函数与 sum 函数的差别在于，cumsum 会计算向量内每一个数值与前面所有数值的总和，而产生出新的向量，范例如下：

```
> x <- 1:10
> x
[1]  1  2  3  4  5  6  7  8  9 10
> cumsum(x)
[1]  1  3  6 10 15 21 28 36 45 55
```

❖ 向量数值乘积——prod

语法：prod(x)

其中的自变量及功能见表 2-22。

表2-22

自变量	功能
x	向量
na.rm	缺失项是否要删除

进行向量的相乘，范例如下所示：

```
> x
[1] 1 2 3
> prod(x)
[1] 6
```

❖ 向量累计乘积——cumprod

语法：cumprod(x)

其中的自变量及功能见表 2-23。

表2-23

自变量	功能
x	向量

将向量元素累计相乘后列出，通常用于绩效计算，范例如下：

```
> x
[1] 1 2 3
> cumprod(x)
[1] 1 2 6
```

❖ 向量内的最大数值——max

语法：max(x)

其中的自变量及功能见表 2-24。

表2-24

自变量	功能
x	对象

范例如下：

```
> x
[1] 1245 2567 2146 3684 3254 2453
> max(x)
[1] 3684
```

也可以直接输入要对比的数值，范例如下：

```
> max(123,213,421,534)
[1] 534
```

而字母则是通过 a~z 排序决定大小，a 最小、z 最大，范例如下：

```
> max('e','f')
[1] "f"
```

❖ 向量内的最小数值——min

语法：min(x)

其中的自变量及功能见表 2-25。

表2-25

自变量	功能
x	对象

min 函数与 max 函数用法相同，只是 min 是取最小值，max 是取最大值，范例如下：

```
> x
[1] 1245 2567 2146 3684 3254 2453
> min(x)
[1] 1245
```

也能直接输入数值进行对比，范例如下：

```
> min(123,213,421,534)
[1] 123
```

而字母则是通过 a~z 排序决定大小，a 最小、z 最大，范例如下：

```
> min('a','d')
[1] "a"
```

❖ **向量各分量的最大值——pmax**

语法：pmax(x,y)

其中的自变量及功能见表 2-26。

表2-26

自变量	功能
x,y	向量

pmax 与 max 的不同在于，max 只能取出所有值中的最大值，而 pmax 可以进行向量的一一对比。产生一个简单的矩阵，并对矩阵对应数组中的值进行对比，范例如下：

```
> x <- matrix(sample(1:10),2,5)
> pmax(x[,1],x[,2],x[,3],x[,4],x[,5])
[1] 10  7
> x
     [,1] [,2] [,3] [,4] [,5]
[1,] 9    4    8    2    10
[2,] 3    1    6    7    5
```

❖ **向量各分量的最小值——pmin**

语法：pmin(x,y)

其中的自变量及功能见表 2-27。

表2-27

自变量	功能
x,y	向量

pmin 与 min 的不同在于，min 只能取所有值中的最小值，而 pmin 可以进行向量的一一对比。产生一个简单的矩阵，并对矩阵对应数组中的值进行对比，范例如下：

```
> x <- matrix(sample(1:10),2,5)
> pmin(x[,1],x[,2],x[,3],x[,4],x[,5])
[1] 2 1
> x
     [,1] [,2] [,3] [,4] [,5]
[1,] 9    4    8    2    10
[2,] 3    1    6    7    5
```

2.3　数组与矩阵

数组是一行或数行向量形成的一种数据类型，如果是一维数组，就称为向量；若是二维数组，则称为矩阵。随着时间变化而产生的数据都会包含时间与变化的信息，我们多半将之存为数组或矩阵，因此了解数组、矩阵的使用方式是非常重要的环节。

2.3.1　数组与矩阵的产生与命名

本小节将介绍数组与矩阵的创建、查询与命名方式。

❖ **产生不同维数的数组——array**

语法：array(x,dim)

其中的自变量及功能见表2-28。

表2-28

自变量	功能
x	向量
dim	维数

产生二维数组，范例如下：

```
> x <- 1:24
> array(x,dim=c(2,12))
     [,1] [,2] [,3] [,4] [,5][,6][,7] [,8] [,9][,10][,11] [,12]
[1,] 1    3    5    7    9    11   13   15   17   19   21   23
[2,] 2    4    6    8    10   12   14   16   18   20   22   24
```

产生三维数组，范例如下：

```
> array(x,dim=c(2,3,4))
, , 1

     [,1] [,2] [,3]
[1,] 1    3    5
[2,] 2    4    6


, , 2

     [,1] [,2] [,3]
[1,] 7    9    11
[2,] 8    10   12
, , 3

     [,1] [,2] [,3]
[1,] 13   15   17
[2,] 14   16   18

, , 4
```

```
     [,1] [,2] [,3]
[1,] 19   21   23
[2,] 20   22   24
```

❖ 产生矩阵——matrix

语法：matrix(data,nrow,ncol,...)

其中的自变量及功能见表2-29。

表2-29

自变量	功能
Data	数据向量
Nrow	需要的行数
Ncol	需要的列数
byrow	矩阵按行数排列
dimnames	矩阵名称，列表形式

产生简单的矩阵，范例如下：

```
> matrix(c(1,2,3,4,11,12,13,14,21,22,23,24),nrow = 3, ncol=4,byrow=TRUE)
     [,1] [,2] [,3] [,4]
[1,] 1    2    3    4
[2,] 11   12   13   14
[3,] 21   22   23   24
```

设置行列的名称：dimnames，范例如下：

```
> matrix(c(1,2,3,4,11,12,13,14,21,22,23,24),nrow = 3, ncol=4,byrow=TRUE,dimnames<-
list(c('a1','a2','a3'),c('b1','b2','b3','b4')))
   b1 b2 b3 b4
a1 1  2  3  4
a2 11 12 13 14
a3 21 22 23 24
[1] "a" "b" "c"
```

❖ 查询或定义矩阵行列名称——rownames、colnames

语法：rownames(x)、colnames(x)

其中的自变量及功能见表2-30。

表2-30

自变量	功能
x	矩阵
do.NULL	如果为 FALSE，而 x 为 null，该名称就成立
prefix	统一名称

范例如下：

```
> matrix(1:10,5:5)

     [,1] [,2]
```

```
[1,]   1   6
[2,]   2   7
[3,]   3   8
[4,]   4   9
[
> colnames(x,c('c1','c2'))
> rownames(x) <- rownames(x,do.NULL=FALSE,prefix='No.')
> x
     c1 c2
No.1 1 6
No.2 2 7
No.3 3 8
No.4 4 9
No.5 5 10
```

❖ **两向量的外积——outer**

语法：outer(x,y)

其中的自变量及功能见表 2-31。

表2-31

自变量	功能
x	值、对象
y	值、对象
FUN	通过 FUN 指定函数来计算得到的广义外积结果

范例如下：

```
> outer(1:5,6:10)
     [,1] [,2] [,3] [,4] [,5]
[1,]  6    7    8    9   10
[2,] 12   14   16   18   20
[3,] 18   21   24   27   30
[4,] 24   28   32   36   40
[5,] 30   35   40   45   50
```

通过 paste 函数产生字符串矩阵，范例如下：

```
> outer(1:5,6:10,FUN='paste')
     [,1]   [,2]   [,3]   [,4]   [,5]
[1,] "1 6"  "1 7"  "1 8"  "1 9"  "1 10"
[2,] "2 6"  "2 7"  "2 8"  "2 9"  "2 10"
[3,] "3 6"  "3 7"  "3 8"  "3 9"  "3 10"
[4,] "4 6"  "4 7"  "4 8"  "4 9"  "4 10"
[5,] "5 6"  "5 7"  "5 8"  "5 9"  "5 10"
```

❖ **查询对象维名或者给对象维数命名——dimnames**

语法：dimnames(x)

其中的自变量及功能见表 2-32。

表2-32

自变量	功能
x	数组对象
value	命名值

将矩阵 y 的行与列重新命名，范例如下：

```
> y
, , 1

     [,1] [,2] [,3]
[1,] 1    3    5
[2,] 2    4    6

, , 2

     [,1] [,2] [,3]
[1,] 7    9    11
[2,] 8    10   12

, , 3

     [,1] [,2] [,3]
[1,] 13   15   17
[2,] 14   16   18

, , 4

     [,1] [,2] [,3]
[1,] 19   21   23
[2,] 20   22   24
> dimnames(y) <- list(c("a","b"),c('aaa','bbb','ccc'),c('a','b','c','d'))
> y
, , a

    aaa bbb ccc
a   1   3   5
b   2   4   6

, , b

    aaa bbb ccc
a   7   9   11
b   8   10  12

, , c

    aaa bbb ccc
a   13  15  17
b   14  16  18

, , d
```

```
   aaa bbb ccc
a  19  21  23
b  20  22  24
```

查询矩阵行列的名称，范例如下：

```
> dimnames(y)
[[1]]
[1] "a" "b"

[[2]]
[1] "aaa" "bbb" "ccc"

[[3]]
[1] "a" "b" "c" "d"
```

❖ 建立对角矩阵——diag

语法：diag(x)

其中的自变量及功能见表2-33。

表2-33

自变量	功能
X	向量

范例如下：

```
> diag(1:8)
     [,1] [,2] [,3] [,4] [,5][,6] [,7] [,8]
[1,] 1    0    0    0    0    0    0    0
[2,] 0    2    0    0    0    0    0    0
[3,] 0    0    3    0    0    0    0    0
[4,] 0    0    0    4    0    0    0    0
[5,] 0    0    0    0    5    0    0    0
[6,] 0    0    0    0    0    6    0    0
[7,] 0    0    0    0    0    0    7    0
[8,] 0    0    0    0    0    0    0    8
```

2.3.2 数组的合并与矩阵的转换

本小节将介绍如何合并数组，并介绍常用的矩阵转换函数。

❖ 逐列合并——cbind

语法：cbind(...)

其中的自变量及功能见表2-34。

表2-34

自变量	功能
...	要合并的列对象

定义两个向量 x 与 y，并将它们进行"列"合并，即列增加了，范例如下：

```
> x <- matrix(1:10)
> y <- matrix(11:20)
> cbind(x,y)
      [,1] [,2]
[1,] 1    11
[2,] 2    12
[3,] 3    13
[4,] 4    14
[5,] 5    15
[6,] 6    16
[7,] 7    17
[8,] 8    18
[9,] 9    19
[10,]10   20
```

❖ 逐行合并——rbind

语法：rbind(...)

其中的自变量及功能见表 2-35。

表2-35

自变量	功能
...	要合并的行对象

定义两个向量 x 与 y，并将它们进行"行"合并，范例如下：

```
> x <- 1:10
> y <- 11:20
> rbind(x,y)
    [,1] [,2] [,3] [,4] [,5] [,6] [,7] [,8] [,9] [,10]
x   1    2    3    4    5    6    7    8    9    10
y   11   12   13   14   15   16   17   18   19   20
```

❖ 根据 perm 顺序转换矩阵——aperm

语法：aperm(a,perm)

其中的自变量及功能见表 2-36。

表2-36

自变量	功能
a	矩阵
perm	重新调整维数
resize	是否重新调整元素排列，默认为 TRUE

通过 aperm 函数转换矩阵的内容，范例如下：

```
> y
, , 1
```

```
        [,1] [,2] [,3]
[1,] 1    3    5
[2,] 2    4    6

, , 2

        [,1] [,2] [,3]
[1,] 7    9    11
[2,] 8    10   12
, , 3

        [,1] [,2] [,3]
[1,] 13   15   17
[2,] 14   16   18

, , 4

        [,1] [,2] [,3]
[1,] 19   21   23
[2,] 20   22   24
> aperm(y,c(2,1,3))
, , 1

        [,1] [,2]
[1,] 1    2
[2,] 3    4
[3,] 5    6

, , 2

     [,1] [,2]
[1,] 7    8
[2,] 9    10
[3,] 11   12

, , 3

     [,1] [,2]
[1,] 13   14
[2,] 15   16
[3,] 17   18

, , 4

     [,1] [,2]
[1,] 19   20
[2,] 21   22
[3,] 23   24
```

❖ 转置矩阵——t

语法：t(x)

其中的自变量及功能见表 2-37。

表2-37

自变量	功能
x	数组对象

首先定义一个矩阵 x，接着将 x 进行转置，范例如下：

```
> x <- matrix(1:12)
> x
      [,1]
 [1,]    1
 [2,]    2
 [3,]    3
 [4,]    4
 [5,]    5
 [6,]    6
 [7,]    7
 [8,]    8
 [9,]    9
[10,]   10
[11,]   11
[12,]   12
> t(x)
     [,1] [,2] [,3] [,4] [,5] [,6] [,7] [,8] [,9] [,10] [,11] [,12]
[1,]    1    2    3    4    5    6    7    8    9    10    11    12
```

2.3.3 矩阵的计算

本小节将介绍矩阵的加、减、乘、除（逆矩阵）以及特征值、特征向量的运算。

❖ 矩阵加减——+、-

矩阵加减与一般数值的加减并无不同，前提是两个矩阵必须有匹配的行数和列数（第一个矩阵的行数与第二个矩阵的列数相同）。

❖ 矩阵相乘——%*%以及*

矩阵相乘（%*%）是第一个矩阵的行（row）与第二个矩阵的列（column）进行内积运算而得到一个新的矩阵，表示如下：

$$A_{m \times n} \cdot B_{n \times k} = C_{m \times k}$$

举例如下：

$$A = \begin{pmatrix} 1 & 4 \\ 2 & 5 \\ 3 & 6 \end{pmatrix}, B = \begin{pmatrix} 1 & 3 & 5 \\ 2 & 4 & 6 \end{pmatrix}$$

那么：

$$A \cdot B = \begin{pmatrix} 9 & 19 & 29 \\ 12 & 26 & 40 \\ 15 & 33 & 51 \end{pmatrix}, B \cdot A = \begin{pmatrix} 22 & 49 \\ 28 & 64 \end{pmatrix}$$

运算如下：

```
> A<-matrix(c(1,2,3,4,5,6),nrow=3)
> A
    [,1] [,2]
[1,] 1    4
[2,] 2    5
[3,] 3    6
> B<-matrix(c(1,2,3,4,5,6),nrow=2)
> B
    [,1] [,2] [,3]
[1,] 1    3    5
[2,] 2    4    6
> A%*%B
    [,1] [,2] [,3]
[1,] 9    19   29
[2,] 12   26   40
[3,] 15   33   51
> B%*%A
    [,1] [,2]
[1,] 22   49
[2,] 28   64
```

在 R 语言中，如果直接使用运算符"*"，意思是两个矩阵的元素分别两两相乘，因此两个矩阵必须有匹配的行数和列数（第一个矩阵的行数与第二个矩阵的列数相同），范例如下：

```
> A<-matrix(c(1,2,3,4,5,6),nrow=3)
> A
    [,1] [,2]
[1,] 1    4
[2,] 2    5
[3,] 3    6
> B<-matrix(c(3,2,5,-1,0,-2),nrow=3)
> B
    [,1] [,2]
[1,] 3    -1
[2,] 2    0
[3,] 5    -2
> A*B
    [,1] [,2]
[1,] 3    -4
[2,] 4    0
[3,] 15   -12
```

如果两个矩阵不符合行数和列数匹配的情况，就会出现错误信息。

❖ 矩阵相除

一般矩阵没有相除这个定义，某些文章对于方阵（行列相同的矩阵）定义矩阵 A 除以矩阵 B 为矩阵 A 乘以矩阵 B 的逆矩阵，意思为：

$$A \text{ 除以 } B = A \cdot B^{-1}$$

关于逆矩阵，可参考下一个函数说明。

❖ 计算逆矩阵——solve

语法：solve(a,b)

其中的自变量及功能见表 2-38。

表2-38

自变量	功能
a	数字或向量
b	数字或向量
tol	公差
LINPACK	是否使用 LINPACK
...	其他

一个矩阵 A（必须为方阵，行列相等的矩阵）的逆矩阵标记为 A^{-1}。

满足 $A \cdot A^{-1} = A^{-1} \cdot A = I$，其中 I 为单位矩阵（斜对角线元素的数值均为 1，其他元素的数值为 0）。

一个矩阵 $A = \begin{pmatrix} 1 & 3 \\ 2 & 4 \end{pmatrix}$，放入 R 中运算如下：

```
> A<-matrix(c(1,2,3,4),nrow=2)
> solve(A)
     [,1] [,2]
[1,] -2  1.5
[2,] 1 -0.5
> A
    [,1] [,2]
[1,] 1    3
[2,] 2    4
> solve(A)
     [,1] [,2]
[1,] -2  1.5
[2,] 1 -0.5
```

可知逆矩阵 $A^{-1} = \begin{pmatrix} -2 & 1.5 \\ 1 & -0.5 \end{pmatrix}$。

如果要求线性方程组 Ax=b 的解，可在 solve 函数后面加上向量 b，例如方程组：

$$\begin{cases} x + 3y = 5 \\ 2x + 4y = 6 \end{cases}$$

可表示为：

$$\begin{pmatrix} 1 & 3 \\ 2 & 4 \end{pmatrix} \cdot \begin{pmatrix} x \\ y \end{pmatrix} = \begin{pmatrix} 5 \\ 6 \end{pmatrix}$$

进入 R 中运算如下：

```
> A<-matrix(c(1,2,3,4),nrow=2)
> A
     [,1] [,2]
[1,] 1    3
[2,] 2    4
> b=c(5,6)
> b
[1] 5 6
> solve(A,b)
[1] -1  2
```

因此得到解：x = -1, y = 2。

❖ **计算矩阵行列式值——det**

语法：det(x)

其中的自变量及功能见表2-39。

表2-39

自变量	功能
x	矩阵

范例如下：

```
> x <- matrix(sample(1:16),4:4)
> x
     [,1] [,2] [,3] [,4]
[1,] 13   6    4    9
[2,] 16   14   10   12
[3,] 8    5    7    3
[4,] 2    11   15   1
> det(x)
[1] 1012
```

❖ **计算矩阵的特征值——eigen**

语法：eigen(x)

其中的自变量及功能见表2-40。

表2-40

自变量	功能
x	矩阵
symmetric	如果为 TRUE，矩阵就是对称的
only.values	如果为 TRUE，只返回特征值
EISPACK	指定是否使用 EISPACK 软件包

范例如下：

```
> cbind(c(-1,1),c(1,-1)) ->x
> eigen(x)
$values
[1]  0 -2

$vectors
        [,1]       [,2]
[1,] 0.7071068  0.7071068
[2,] 0.7071068 -0.7071068
```

我们得到特征值：0、2，其中对应 0 的特征向量为(0.7071068, 0.7071068)，对应 2 的特征向量为(0.7071068, -0.7071068)。

2.3.4　矩阵的数值分解

本小节将介绍矩阵的数值分解与函数。

❖　**矩阵的 QR 分解——qr**

语法：qr(x)

其中的自变量及功能见表 2-41。

表2-41

自变量	功能
x	矩阵

范例如下：

```
> x
     [,1] [,2] [,3]
[1,] 1    4    7
[2,] 2    5    8
[3,] 3    6    9
 > qr(x)
$qr
        [,1]        [,2]        [,3]
[1,] -3.7416574 -8.552360 -1.336306e+01
[2,]  0.5345225  1.963961  3.927922e+00
[3,]  0.8017837  0.988693  1.776357e-15

$rank
[1] 2

$qraux
[1] 1.267261e+00 1.149954e+00 1.776357e-15

$pivot
[1] 1 2 3

attr(,"class")
[1] "qr"
```

❖ **矩阵的 SVD 分解——svd**

语法：svd(x)

其中的自变量及功能见表 2-42。

表2-42

自变量	功能
x	矩阵

范例如下：

```
> x
     [,1] [,2] [,3]
[1,]  1    4    7
[2,]  2    5    8
[3,]  3    6    9
>svd(x)
$d
[1] 1.684810e+01 1.068370e+00 5.543107e-16
$u
            [,1]         [,2]        [,3]
[1,] -0.4796712  0.77669099  0.4082483
[2,] -0.5723678  0.07568647 -0.8164966
[3,] -0.6650644 -0.62531805  0.4082483

$v
            [,1]         [,2]        [,3]
[1,] -0.2148372 -0.8872307  0.4082483
[2,] -0.5205874 -0.2496440 -0.8164966
[3,] -0.8263375  0.3879428  0.4082483
```

❖ **正定矩阵进行 Cholesky 上三角分解——chol**

语法：chol(x)

其中的自变量及功能见表 2-43。

表2-43

自变量	功能
x	矩阵

范例如下：

正定矩阵满足 $x^* A x > 0, \forall x \in C^m$，基本上有许多等价公式可以验证，这里不多做说明，下面举一个正定矩阵的范例：

$$A = \begin{pmatrix} 5 & 3 & -1 \\ 3 & 3 & 1 \\ -1 & 1 & 6 \end{pmatrix}$$

在 R 语言中定义矩阵并计算 Cholesky 上三角分解：

```
> A<-matrix(c(5,3,-1,3,3,1,-1,1,6),nrow=3)
> A
```

```
        [,1] [,2] [,3]
[1,] 5    3    -1
[2,] 3    3    1
[3,] -1   1    6
> chol(A)
         [,1]     [,2]       [,3]
[1,] 2.236068 1.341641 -0.4472136
[2,] 0.000000 1.095445  1.4605935
[3,] 0.000000 0.000000  1.9148542
```

得到 Cholesky 上三角矩阵：

$$\begin{pmatrix} 2.236068 & 1.341641 & -0.4472136 \\ 0 & 1.095445 & 1.4605935 \\ 0 & 0 & 1.9148542 \end{pmatrix}$$

2.4　数据的处理

在 R 语言中，必须将数据读入并存到变量才能够取值运用。在本节中将介绍如何设置变量、从外部文件读入内容、将输出结果写入文件以及数据的排序等，让读者能灵活地存取外部数据并加以应用。

2.4.1　变量的处理工具

❖ **变量的赋值——<-、->、=**

给变量赋值可以通过三种符号来实现："<-""->""="，前两种与等号的不同之处在于给变量的赋值具有方向性，"<-"是将右边的值赋到左边，"->"则与前者相反。举例如下：

```
> x <- 3
> x
[1] 3
> x <- 1:4
> x
[1] 1 2 3 4
> x <- c(1,3,6)
> x
[1] 1 3 6
```

❖ **变量的赋值——assign**

语法：assign(x,value,...)

其中的自变量及功能见表 2-44。

表2-44

自变量	功能
x	定义的变量
value	表达式或者定义值

定义变量的例子如下：

```
> assign('a',5)
> a
[1] 5
> assign('b',5:10)
> b
[1]  5  6  7  8  9 10
```

通过循环给有规律的变量赋值，给 b.1~b.5 赋值的范例如下：

```
> for(i in 1:5){assign(paste('b',i,sep='.'),1:i)}
> b.1
[1] 1
> b.2
[1] 1 2
> b.3
[1] 1 2 3
> b.4
[1] 1 2 3 4
> b.5
[1] 1 2 3 4 5
```

❖ 查看使用的变量——ls

语法：ls()

其中的自变量及功能见表 2-45。

表2-45

自变量	功能
name	此环境参数用于显示可用的对象
pos	是 name 的替代参数（兼容性的需求）
envir	是 name 的替代参数（兼容性的需求）
all.names	逻辑参数，如果为 TRUE，就返回所有对象；若为 FALSE，则对象名会被忽略，并以 .（句点）来表示
pattern	只有对象名符合 pattern 才返回
storted	逻辑参数，是否按照字母排序

范例如下：

```
> ls()
  [1] "A"          "X"          "y"          "z"
>
```

❖ 删除使用的变量——rm

语法：rm(x,argument...)

其中的自变量及功能见表 2-46。

表2-46

自变量	功能
x	对象
list	字符参数命名对象被删除
pos	指定被删除的位置，通常使用默认值
envir	环境函数，environment 函数
inherits	检查是否有继承

范例如下：

```
> ls()
[1] "A"          "X"          "y"                    "z"
> rm(A)
> ls()
[1] "X"          "y"          "z"
>
```

❖ **设置变量的属性——attr**

语法：attr(x,which)

其中的自变量及功能见表 2-47。

表2-47

自变量	功能
x	对象
which	状态

范例如下（将 x 由向量转为 2×5 的矩阵）：

```
> x <- 1:10
> attr(x,"dim") <- c(2, 5)
> x
     [,1] [,2] [,3] [,4] [,5]
[1,] 1    3    5    7    9
[2,] 2    4    6    8    10
```

❖ **查询对象的类——class、str**

语法：class(x)、str(x)

其中的自变量及功能见表 2-48。

表2-48

自变量	功能
x	对象

范例如下：

class、strc 函数可以查询对象的类，两种函数所查询的结果不相同，class 函数的范例如下：

```
> x
     [,1] [,2] [,3] [,4] [,5]
[1,] 1    3    5    7    9
[2,] 2    4    6    8    10
```

```
> class(x)
[1] "matrix"
> y <- 1:10
> class(y)
[1] "integer"
```

str 函数的范例如下：

```
> str(x)
int [1:2, 1:5] 1 2 3 4 5 6 7 8 9 10
> str(y)
int [1:10] 1 2 3 4 5 6 7 8 9 10
```

❖ 缩写变量——abbreviate

语法：abbreviate(x)

其中的自变量及功能见表 2-49。

表2-49

自变量	功能
x	对象
minlength	最小缩写的长度
strict	是否严格遵守缩写规则

abbreviate 是用来缩写变量的函数，范例如下：

```
> x <- c("abcd", "efgh", "abce")
> abbreviate(x, 1)
 Abcd    efgh     abce
"abcd"    "e"    "abce"
> abbreviate(x, 2, strict=TRUE)
abcd efgh abce "ab" "ef" "ab"
```

❖ 改变变量或元素的类型——as.Date、as.array、as.character、as.numeric...

语法：as.Date(x)

其中的自变量及功能见表 2-50。

表2-50

自变量	功能
x	对象
format	格式
origin	起始时间
tz	时区

范例如下：

将普通的数值向量转换为日期：

```
> dates <- c("02/27/92", "02/27/92", "01/14/92", "02/28/92", "02/01/92")
> as.Date(dates, "%m/%d/%y")
[1] "1992-02-27" "1992-02-27" "1992-01-14" "1992-02-28" "1992-02-01"
```

生成日期向量：

```
> as.Date(1:10,origin='2015-01-01')
[1] "2015-01-02" "2015-01-03" "2015-01-04" "2015-01-05" "2015-01-06"
[6] "2015-01-07" "2015-01-08" "2015-01-09" "2015-01-10" "2015-01-11"
> class(as.Date(1:10,origin='2015-01-01'))
[1] "Date"
```

语法：as.array(x)

其中的自变量及功能见表 2-51。

表2-51

自变量	功能
x	对象
data.name	数据名称

将元素转换为字符串，范例如下：

```
> letters
[1] "a" "b" "c" "d" "e" "f" "g" "h" "i" "j" "k" "l" "m" "n" "o" "p" "q" "r" "s" [20] "t" "u"
"v" "w" "x" "y" "z"
> as.array(letters)
[1] "a" "b" "c" "d" "e" "f" "g" "h" "i" "j" "k" "l" "m" "n" "o" "p" "q" "r" "s" [20] "t" "u"
"v" "w" "x" "y" "z"
> class(letters)
[1] "character"
> class(as.array(letters))
[1] "array"
```

语法：as.character(x)

其中的自变量及功能见表 2-52。

表2-52

自变量	功能
x	对象

将一般的数值格式改为字符，范例如下：

```
> x <- 1:10
> x
[1]  1  2  3  4  5  6  7  8  9 10
> class(x)
[1] "integer"
> as.character(x)
[1] "1"  "2"  "3"  "4"  "5"  "6"  "7"  "8"  "9"  "10"
> class(as.character(x))
[1] "character"
```

语法：as.numeric(x)

其中的自变量及功能见表 2-53。

表2-53

自变量	功能
x	对象

将字符格式改为数值格式并进行运算，数据更改前的格式必须为数字，范例如下：

```
> x
[1] "1"  "2"  "3"  "4"  "5"  "6"  "7"  "8"  "9"  "10"
> class(x)
[1] "character"
> y
[1]  1  2  3  4  5  6  7  8  9 10
> x + y
Error in x + y : non-numeric argument to binary operator
> as.numeric(x) + y
[1]  2  4  6  8 10 12 14 16 18 20
```

❖ 修改数据格式——format

语法：format(x)

其中的自变量及功能见表2-54。

表2-54

自变量	功能
x	对象
trim	如果为 FALSE，一般的数值格式都靠右对齐，格式化就会在左方产生空格；如果为 TRUE，数值格式化后就会将多余的空格删除
digits	数值显示的长度
nsmall	数值小数位数

范例如下：

```
> format(1:10)
[1] " 1" " 2" " 3" " 4" " 5" " 6" " 7" " 8" " 9" "10"
> format(1:10, trim = TRUE)
[1] "1"  "2"  "3"  "4"  "5"  "6"  "7"  "8"  "9"  "10"
> format(16.4, nsmall = 3)
[1] "16.400"
```

❖ 建立数据框架变量——data.frame

语法：data.frame(...)

其中的自变量及功能见表2-55。

表2-55

自变量	功能
...	要组合的数组
row.names	行名
check.names	逻辑判断是否没有重复的名称

范例如下：

建立 x 数组与 y 数组的数据框架：

```
> x
     [,1]
[1,] 1
[2,] 2
[3,] 3
[4,] 4
[5,] 5
[6,] 6
[7,] 7
[8,] 8
[9,] 9
[10,]10
> y
     [,1]
[1,] 11
[2,] 12
[3,] 13
[4,] 14
[5,] 15
[6,] 16
[7,] 17
[8,] 18
[9,] 19
[10,]20
>    data.frame(x,y,row.names=c(1,2,3,4,5,6,7,8,9,0))
     x  y
1    1 11
2    2 12
3    3 13
4    4 14
5    5 15
6    6 16
7    7 17
8    8 18
9    9 19
0   10 20
```

2.4.2　数据的读入与输出

本小节将介绍如何将文件的内容读出并存储为矩阵变量，或者将变量转存到文件中。

❖　输入文件——file.choose

语法：file.choose(new=FALSE)

选择一个文件，范例如下：

```
> file.choose()
Enter file name: log
[1] "log"
```

❖ 将路径下的文件与目录存成向量——list、files

语法：list(name=value)

其中的自变量及功能见表2-56。

表2-56

自变量	功能
name	变量名
value	给列表内的变量赋值

范例如下：

```
> list('a','b','c') -> v
> v
[[1]]
[1] "a"

[[2]]
[1] "b"

[[3]]
[1] "c"

>
> list(b=1) ->a
> a$b
[1] 1
```

语法：file(x)

其中的自变量及功能见表2-57。

表2-57

自变量	功能
x	对象
open	文件打开方式

从 R 语言内把数据或信息写到外部文件中，**file** 函数用于生成可写入文件，范例如下：

```
> zz <- file("ex.data", "w")
> cat("TITLE extra line", "2 3 5 7", "11 13 17", file="ex.data", sep="\n")
```

写入文件内容如下：

```
TITLE extra line
2 3 5 7
11 13 17 数据输入—— scan
```

语法：scan(file)

其中的自变量及功能见表2-58。

表2-58

自变量	功能
file	文件
what	数据读取类型
nmax	数据读取的最大数量
n	要读取的数据量
sep	分隔符
skip	整数，是指跳过文件开头的行数

```
> cat("TITLE extra line", "2 3 5 7", "11 13 17", file="ex.data", sep="\n")
> aa <- scan("ex.data", skip = 1, quiet= TRUE)
> aa
[1]  2  3  5  7 11 13 17
> scan("ex.data", skip = 1)
Read 7 items
[1]  2  3  5  7 11 13 17
```

❖ 数据输出——write

语法：write(x,file)

其中的自变量及功能见表 2-59。

表2-59

自变量	功能
x	要写到文件中的数据
file	数据文件

将数据写到外部文件中，范例如下：

```
> file('data.txt',open='w')
> write('12345',file='data.txt')
```

❖ 从数据文件中读入数据表——read.table

语法：read.table(file)

其中的自变量及功能见表 2-60。

表2-60

自变量	功能
file	要从中读入数据的文件
header	是否要显示出文件名
sep	分隔符
quote	每次搜索的量
dec	小数点符号
row.names	行名
col.names	列名

读取外部文件，范例如下：

```
> x <- 1:10
```

```
> write.table(x,file='123.csv',row.names=2:11)
> read.table('123.csv')
     x
2    1
3    2
4    3
5    4
6    5
7    6
8    7
9    8
10   9
11   10
> read.table('123.csv',col.names='number')
     number
2    1
3    2
4    3
5    4
6    5
7    6
8    7
9    8
10   9
11   10
```

❖ **读入用分隔符分隔数据的 CSV 格式文件——read.csv、read.csv2**

read.csv 与 read.csv2 都是用于从 CSV 数据文件中读入数据的 R 语言函数，通过外部文件中的分隔符来读取外部文件中的数据。

read.csv 与 read.csv2 两个函数的差别在于：read.csv 用于读取以逗号 "," 分隔数据的外部文件，而 read.csv2 用于读取以分号 ";" 分隔数据的外部文件。

以下介绍 read.csv，read.csv2 的操作以及自变量的使用与之相同，只有 sep 自变量默认的内容（逗号和分号）不同。

语法：read.csv(file)

其中的自变量及功能见表 2-61。

表2-61

自变量	功能
file	要从中读入数据的文件
header	是否要显示出文件名
sep	分隔符
quote	每次搜索的量
dec	小数点符号
row.names	行名
col.names	列名

文件内容如下：

```
a,b,c,d,e
1,2,3,4,5
6,7,8,9,10
11,12,13,14,15
16,17,18,19,20
```

使用 read.csv 函数读取数据：

```
> read.csv('data.csv')
   a  b  c  d  e
1  1  2  3  4  5
2  6  7  8  9 10
3 11 12 13 14 15
4 16 17 18 19 20
```

❖ 读入 Tab 键分隔的文件——read.delim

read.delim 函数与 read.csv 函数非常类似，只是 read.delim 函数读取数据采用 Tab 键分隔的文件。

语法：read.delim(file)

其中的自变量及功能见表 2-62。

表2-62

自变量	功能
file	要从中读取数据的文件
header	是否要显示出文件名
sep	分隔符
quote	每次搜索的量
dec	小数点符号
row.names	行名
col.names	列名

查看文件内容，范例如下：

```
# cat data1.csv
a    b    c
1    2    3
4    5    6
```

读取用 Tab 键分隔数据的文件，范例如下：

```
> read.delim('data1.csv')
  a b c
1 1 2 3
2 4 5 6
```

❖ 读入固定宽度格式的文件——read.fwf

read.fwf 函数用来读取具有固定宽度格式的数据文件，并不限制于采用哪种分隔符。

语法：read.fwf(file)

其中的自变量及功能见表 2-63。

表2-63

自变量	功能
file	要从中读取数据的文件
widths	固定宽度
header	是否要显示文件名
sep	分隔符
quote	每次搜索的量
dec	小数点符号
row.names	行名
col.names	列名

固定长度的数据文件内容如下：

```
a    b    c
1    2    3
4    5    6
7    8    9
```

通过 read.fwf 函数读取文件内容，范例如下：

```
> read.fwf('data2.csv',7)
        V1
1 a  b   c
2 1  2   3
3 4  5   6
4 7  8   9
```

❖ 输出数据表到数据文件中——write.table

语法：write.table(x,file)

其中的自变量及功能见表 2-64。

表2-64

自变量	功能
x	要写入的数据
file	要写入数据的文件
sep	分隔符
row.names	行名
col.names	列名

将数据写入外部的 CSV 格式的文件，范例如下：

```
> x
[1]  1  2  3  4  5  6  7  8  9 10
> write.table(x,file='123.csv')
```

写入成功后的文件内容如下：

```
"x"
"1" 1
"2" 2
```

```
"3" 3
"4" 4
"5" 5
"6" 6
"7" 7
"8" 8
"9" 9
"10" 10
```

❖ 输出用分隔符分隔数据的 CSV 格式文件——write.csv、write.csv2

write.csv 与 write.csv2 都是将数据写入文件的函数，不同之处在于 write.csv 在文件中的分隔符为逗号 "，"，write.csv2 则通过分号 ";" 分隔数据。

语法：write.csv(x,file)、write.csv(x,file)

其中的自变量及功能见表 2-65。

表2-65

自变量	功能
x	要写入文件的数据
file	要写入数据的文件
sep	分隔符
row.names	行名
col.names	列名

设置矩阵 x，并将内容存入指定的文件 data3.csv（以 "，" 分隔）与 data4.csv（以 ";" 分隔）中，如下所示：

```
> x <- matrix(1:20,4:5)
> x
     [,1] [,2] [,3] [,4] [,5]
[1,] 1    5    9    13   17
[2,] 2    6    10   14   18
[3,] 3    7    11   15   19
[4,] 4    8    12   16   20
> write.csv(x,'data3.csv')
> write.csv2(x,'data4.csv')
```

查看成功写入数据的外部文件，如下所示：

```
# cat data3.csv
"","V1","V2","V3","V4","V5"
"1",1,5,9,13,17
"2",2,6,10,14,18
"3",3,7,11,15,19
"4",4,8,12,16,20
# cat data4.csv
"";"V1";"V2";"V3";"V4";"V5"
"1";1;5;9;13;17
"2";2;6;10;14;18
"3";3;7;11;15;19
```

```
"4";4;8;12;16;20
```

2.4.3 数据的排序

本小节将介绍数据的排序方式。

❖ 将向量按照大小顺序排列——sort

语法：sort(x,...)
其中的自变量及功能见表2-66。

表2-66

自变量	功能
x	对象
decreasing	递增或递减排序
na.last	NA 值的处理方式。如果为 TRUE，就在数据最后显示出来；如果为 FALSE，就在最前面显示出来；如果为 NA，就将缺失项删除。注意：NA 不是空值
partial	NULL 或部分分类的向量
method	算法

重新排列数值向量，范例如下：

```
> sort(c(13:6,5:15), method = "sh")
[1]  5  6  6  7  7  8  8  9  9 10 10 11 11 12 12 13 13 14 15
```

❖ 返回向量的排序等级——rank

语法：rank(x,...)
其中的自变量及功能见表2-67。

表2-67

自变量	功能
x	对象
na.last	NA 值的处理方式。如果为 TRUE，就在数据最后显示出来；如果为 FALSE，就在最前面显示出来；如果为 NA，就将缺失项删除

rank 是对 x 中的数值进行排序，范例如下：

```
> rank(c(6:0))
[1] 7 6 5 4 3 2 1
> x <- c(3,6,8,4,23,7,36)
> rank(x)
[1] 1 3 5 2 6 4 7
```

❖ 将整个向量倒过来排序——rev

语法：rev(x)
其中的自变量及功能见表2-68。

表2-68

自变量	功能
x	对象

范例如下：

```
> x <- c(3,6,8,4,23,7,36)
> rev(x)
[1] 36  7 23  4  8  6  3
```

2.4.4 数据的分割与合并

本小节将介绍字符串的分割与合并函数。

❖ **分割内容——split**

语法：split(x)

其中的自变量及功能见表2-69。

表2-69

自变量	功能
x	对象
f	分组向量

对于分割内容的函数 split，填入对象再填入分组向量，范例如下：

```
> split(1:20, 1:2)
$`1`
 [1]  1  3  5  7  9 11 13 15 17 19

$`2`
 [1]  2  4  6  8 10 12 14 16 18 20
```

❖ **根据给定的条件取出指定的数据——subset**

语法：subset(x,…)

其中的自变量及功能见表2-70。

表2-70

自变量	功能
x	对象
逻辑表达式	过滤数据的逻辑判断表达式
select	通过逻辑判断表达式选择

airquality 是 R 语言内建的变量，内容如下：

```
> airquality
  Ozone Solar.R Wind Temp Month Day
1    41     190  7.4   67     5   1
2    36     118  8.0   72     5   2
3    12     149 12.6   74     5   3
4    18     313 11.5   62     5   4
5    NA      NA 14.3   56     5   5
6    28      NA 14.9   66     5   6
7    23     299  8.6   65     5   7
8    19      99 13.8   59     5   8
```

```
9     8     19        20.1  61        5     9
10    NA    194       8.6   69        5     10
...
```

通过 subset 函数搜索 airquality 变量中 Temp 小于 60 的记录，并且只列出字段 Ozone 与 Temp，范例如下：

```
> subset( airquality, Temp < 60, select = c(Ozone, Temp))
   Ozone Temp
5    NA   56
8    19   59
15   18   58
18    6   57
21    1   59
25   NA   57
26   NA   58
27   NA   57
```

❖ **获取两个集合的并集——union**

语法：union(...)

其中的自变量及功能见表2-71。

表2-71

自变量	功能
...	集合

范例如下：

```
> x
[1] 1 3 4 2 8
> y
[1] 6 7 4 5 9
> union(x,y)
[1] 1 3 4 2 8 6 7 5 9
```

❖ **合并相同的数据框架——merge**

语法：merge(x,y)

其中的自变量及功能见表2-72。

表2-72

自变量	功能
x,y	被合并的对象
by	指定的主要行列
all	逻辑判断表达式，TRUE 或 FALSE
sort	逻辑判断表达式，是否按 by 进行排序
suffixes	用不是 bynames 的效果
incomparables	不能比较的值，返回 match

范例如下：

```
> x <- 1:3
> y <- 1:3
> merge(x,y)
  x y
1 1 1
2 2 1
3 3 1
4 1 2
5 2 2
6 3 2
7 1 3
8 2 3
9 3 3
```

2.5 文字的处理

文字的处理是所有程序设计者最常碰到的问题之一，包括提取字符串、合并字符串、计算、查询与替换等。读者只有了解本节的内容，才能将 R 语言运用得更广泛。

2.5.1 字符串的产生

本小节将介绍有规律的字符串产生方式。

❖ 产生规律字符串——gl

语法：gl(n,k)

其中的自变量及功能见表 2-73。

表2-73

自变量	功能
n	整数
k	必须为整数，重复次数
length	必须为整数，指定的长度
labels	可选的向量元素
ordered	TURE 或 FALSE，是否按序排列

按序产生 3 个重复的向量，每个向量重复 4 次，范例如下：

```
> gl(3,4)
[1] 1 1 1 1 2 2 2 2 3 3 3 3
Levels: 1 2 3
```

将数值通过 label 自变量转换为字符串，范例如下：

```
> gl(3,4,label=c('x','y','z'))
[1] x x x x y y y y z z z z
Levels: x y z
```

❖ 产生重复字符串——rep

语法：rep(x,time,...)

其中的自变量及功能见表2-74。

表2-74

自变量	功能
x	重复的对象
time	重复次数
length.out	指定长度
each	X 元素内重复的次数

产生简单的向量，范例如下：

```
> rep(1,20)
[1] 1 1 1 1 1 1 1 1 1 1 1 1 1 1 1 1 1 1 1 1
> rep(1,20,length=15)
[1] 1 1 1 1 1 1 1 1 1 1 1 1 1 1 1
```

产生重复的字符串，范例如下：

```
> rep('abc',15)
[1] "abc" "abc" "abc" "abc" "abc" "abc" "abc" "abc" "abc" "abc" "abc" "abc"
[13] "abc" "abc" "abc"
```

2.5.2　字符串的显示

本小节将介绍如何将字符串格式化显示在屏幕上，以便于阅读。

❖ 列出固定字符串——print

语法：print(x,...)

其中的自变量及功能见表2-75。

表2-75

自变量	功能
x	对象
quote	指定要显示输出的数量
max.levels	最大层级
width	宽度
digits	小数位数
na.print	显示出缺失项 NA
zero.print	如果值为 0，就可以设置为其他醒目符号

范例如下：

```
> x <- 'I AM HERO'
> print(x)
[1] "I AM HERO"
```

❖ **列出多个字符串——cat**

语法：cat(..., file = "", sep = "",...)
其中的自变量及功能见表 2-76。

表2-76

自变量	功能
...	要显示的对象
file	文件
sep	分隔符
fill	默认为 FALSE，明确建立一个唯一换行符号（/n）
labels	向量显示的便签，如果 fill 默认为 FALSE，就忽略
append	TURE 或 FALSE，如果为 TURE，就会被附加到 file 中

范例如下：

```
> cat("I say :",x , "\n")  ←──────其中 x 为字符串: are you ready
I say : are you ready
```

通过 fill 自变量和 labels 自变量可以达到自动换行的功能，范例如下：

```
> cat(1:100, fill = TRUE,labels = paste("{",1:10,"}:"),sep=" ")
{ 1 }: 1 2 3 4 5 6 7 8 9 10 11 12 13 14 15 16 17 18 19 20 21 22 23 24 25 26 27
{ 2 }: 28 29 30 31 32 33 34 35 36 37 38 39 40 41 42 43 44 45 46 47 48 49 50 51
{ 3 }: 52 53 54 55 56 57 58 59 60 61 62 63 64 65 66 67 68 69 70 71 72 73 74 75
{ 4 }: 76 77 78 79 80 81 82 83 84 85 86 87 88 89 90 91 92 93 94 95 96 97 98 99
{ 5 }: 100
```

❖ **根据指定的格式显示字符串——sprintf**

语法：sprintf(x,...)
其中的自变量及功能见表 2-77。

表2-77

自变量	功能
x	字符串
...	字符串中的参数

对于会 C 语言的人而言，不会对 sprintf 函数感到陌生，通过在字符串中输入定义的参数符号，并在后方加上参数内容，就可以按照格式来输出内容。每一种数据类型输入的定义符号都不相同，常用的有%s（字符串）、%d（数值）、%f（浮点数），实际操作参考下面的范例：

```
> a
[1] 10
> sprintf("%d %s",a,'apple')
[1] "10 apple"
```

❖ **列出指定对象靠前的内容——head**

语法：head(对象 , 行数)
其中的自变量及功能见表 2-78。

表2-78

自变量	功能
x	对象
n	显示的行数，需为整数

显示 x 对象的前 15 个值，范例如下：

```
> x <- 1:100
> x
  [1]   1   2   3   4   5   6   7   8   9  10  11  12  13  14  15  16  17  18
 [19]  19  20  21  22  23  24  25  26  27  28  29  30  31  32  33  34  35  36
 [37]  37  38  39  40  41  42  43  44  45  46  47  48  49  50  51  52  53  54
 [55]  55  56  57  58  59  60  61  62  63  64  65  66  67  68  69  70  71  72
 [73]  73  74  75  76  77  78  79  80  81  82  83  84  85  86  87  88  89  90
 [91]  91  92  93  94  95  96  97  98  99 100
> head(x,15)
 [1]  1  2  3  4  5  6  7  8  9 10 11 12 13 14 15
```

另外，如果没有输入 n 自变量，就默认为 6。

```
> head(x)
[1] 1 2 3 4 5 6
```

❖ **列出指定对象靠后的内容——tail**

语法：head(对象,行数)

其中的自变量及功能见表 2-79。

表2-79

自变量	功能
x	对象
n	显示的行数，必须是整数

显示 x 变量的最后 15 个值，范例如下：

```
> x
  [1]   1   2   3   4   5   6   7   8   9  10  11  12  13  14  15  16  17  18
 [19]  19  20  21  22  23  24  25  26  27  28  29  30  31  32  33  34  35  36
 [37]  37  38  39  40  41  42  43  44  45  46  47  48  49  50  51  52  53  54
 [55]  55  56  57  58  59  60  61  62  63  64  65  66  67  68  69  70  71  72
 [73]  73  74  75  76  77  78  79  80  81  82  83  84  85  86  87  88  89  90
 [91]  91  92  93  94  95  96  97  98  99 100
> tail(x,13)
 [1]  88  89  90  91  92  93  94  95  96  97  98  99 100
```

另外，如果没有输入 n 自变量，就默认为 6。

```
> tail(x)
[1]  95  96  97  98  99 100
```

2.5.3　字符串内容的搜索

本小节将介绍如何搜索文件中的特定字符串。

❖ 搜索字符串——grep

语法：grep(pattern,x,...)

其中的自变量及功能见表 2-80。

表2-80

自变量	功能
pattern	可以是一个正则表达式，也可以是字符串
x	被搜索的项
ignore.case	默认为 FALSE，表示区分字母大小写；TURE 则表示不区分
perl	默认为 FALSE，设为 TURE 表示使用 Perl 的正则表达式，功能更强大
fixed	默认为 FALSE，设为 TURE 表示精确搜索，自变量中优先权最高
useBytes	默认为 FALSE，表示按照字符搜索，设为 TURE 表示按照字符串搜索
invert	默认为 FALSE，设为 TURE 则会返回不匹配的元素
value	默认为 FALSE，设为 TURE 则返回匹配的元素值

搜索字符串内含有 g 的值，范例如下：

```
> test1 <- c('grep','grepl','sub','gsub','regexpr','gregexpr','regexec')
> grep('g',test1)
[1] 1 2 4 5 6 7
```

❖ 搜索是否含有特定字符串——grepl

语法：grepl(pattern,x,...)

其中的自变量及功能见表 2-81。

表2-81

自变量	功能
pattern	可以是一个正则表达式，也可以是字符串
x	被搜索的项
ignore.case	默认为 FALSE，表示区分字母大小写；TURE 则表示不区分
perl	默认为 FALSE，设为 TURE 则表示使用 Perl 的正则表达式，功能更强大
fixed	默认为 FALSE，设为 TURE 则表示精确搜索，自变量中优先权最高
useBytes	默认为 FALSE 表示按照字符搜索，设为 TURE 则表示按照字符串搜索
invert	默认为 FALSE，设为 TURE 则会返回不匹配的元素
value	默认为 FALSE，设为 TURE 则返回匹配的元素值

搜索字符串是否含有g，返回搜索结果 TRUE 或者 FALSE，范例如下：

```
> test1 <- c('grep','grepl','sub','gsub','regexpr','gregexpr','regexec')
> grepl('g',test1)
[1]  TRUE  TRUE FALSE  TRUE  TRUE  TRUE  TRUE
```

❖ 搜索字符串函数——regexpr、gregexpr、regexec

语法：regexpr(pattern,x,...)

其中的自变量及功能见表 2-82。

表2-82

自变量	功能
pattern	可以是一个正则表达式，也可以是字符串
x	被搜索的项
ignore.case	默认为 FALSE，表示区分字母大小写；TURE 则代表不区分
perl	默认为 FALSE，设为 TURE 则表示使用 Perl 的正则表达式，功能更强大
fixed	默认为 FALSE，设为 TURE 则表示精确搜索，自变量中优先权最高
useBytes	默认为 FALSE，表示按照字符搜索，设为 TURE 则表示按照字符串搜索

范例如下：

```
> test1 <- c('grep','grepl','sub','gsub','regexpr','gregexpr','regexec')
> regexpr('g',test1)
[1]  1  1 -1  1  3  1  3
attr(,"match.length")
[1]  1  1 -1  1  1  1  1
attr(,"useBytes")
[1] TRUE
```

语法：gregexpr(pattern,x,...)

其中的自变量及功能见表 2-83。

表2-83

自变量	功能
pattern	可以是一个正则表达式，也可以是字符串
x	被搜索的项
ignore.case	默认为 FALSE，表示区分字母大小写；TURE 则代表不区分
perl	默认为 FALSE，设为 TURE 则表示使用 Perl 的正则表达式，功能更强大
fixed	默认为 FALSE，设为 TURE 则表示精确搜索，自变量中优先权最高
useBytes	默认为 FALSE，表示按照字符搜索，设为 TURE 则表示按照字符串搜索

范例如下：

```
> test1 <- c('grep','grepl','sub','gsub','regexpr','gregexpr','regexec')
> gregexpr('g',test1)
[[1]]
[1] 1
attr(,"match.length") [1] 1
attr(,"useBytes") [1] TRUE

[[2]]
[1] 1
attr(,"match.length") [1] 1
attr(,"useBytes") [1] TRUE

[[3]]
[1] -1
attr(,"match.length") [1] -1
attr(,"useBytes") [1] TRUE
```

```
[[4]]
[1] 1
attr(,"match.length") [1] 1
attr(,"useBytes") [1] TRUE

[[5]]
[1] 3
attr(,"match.length") [1] 1
attr(,"useBytes") [1] TRUE

[[6]]
[1] 1 4
attr(,"match.length") [1] 1 1
attr(,"useBytes") [1] TRUE

[[7]]
[1] 3
attr(,"match.length")
[1] 1
attr(,"useBytes")
[1] TRUE
```

语法：regexec(pattern,x,...)

其中的自变量及功能见表 2-84。

表2-84

自变量	功能
pattern	可以是一个正则表达式，也可以是字符串
x	被搜索的项
ignore.case	默认为 FALSE，表示区分字母大小写；TURE 则代表不区分
perl	默认为 FALSE，设为 TURE 则表示使用 Perl 的正则表达式，功能更强大
fixed	默认为 FALSE，设为 TURE 则表示精确搜索，自变量中优先权最高
useBytes	默认为 FALSE，表示按照字符搜索，设为 TURE 则表示按照字符串搜索

范例如下：

```
> test1 <- c('grep','grepl','sub','gsub','regexpr','gregexpr','regexec')
> regexec('g',test1)
[[1]]
[1] 1
attr(,"match.length") [1] 1

[[2]]
[1] 1
attr(,"match.length") [1] 1

[[3]]
[1] -1
attr(,"match.length") [1] -1
```

```
[[4]]
[1] 1
attr(,"match.length") [1] 1

[[5]]
[1] 3
attr(,"match.length") [1] 1

[[6]]
[1] 1
attr(,"match.length") [1] 1

[[7]]
[1] 3
attr(,"match.length") [1] 1
```

2.5.4 字符串内容的提取

本小节将介绍如何提取字符串的内容，包括固定的位置、宽度、特定字符等。

❖ 取出指定位置的字符串——substr

语法：substr(x,start,stop)

其中的自变量及功能见表 2-85。

表2-85

自变量	功能
x	向量
start	起始字符位置
stop	终止字符位置

从字符串的第 2 个字符取到第 4 个字符，范例如下：

```
> substr('abcdefg',2,4)
[1] "bcd"
```

通过 substr 获取当前时间，范例如下：

```
> date()
[1] "Fri Nov 20 21:58:15 2015"
> substr(date(),12,19)
[1] "21:58:41"
```

❖ 提取指定宽度的字符串——strtrim

语法：strtrim(x,width)

其中的自变量及功能见表 2-86。

表2-86

自变量	功能
x	字符串对象
width	宽度

取字符串的前 7 个字符，范例如下：

```
> strtrim('123456789',7)
[1] "1234567"
```

获取日期信息，范例如下：

```
> date()
[1] "Tue Jul 25 10:11:48 2017"
> strtrim(date(),7)
[1] "Tue Jul"
```

❖　根据字符分割字符串——strsplit

语法：strsplit(x,split="字符")
其中的自变量及功能见表 2-87。

表2-87

自变量	功能
x	字符串对象
split	要分割字符串的分隔符

如果要提取 date 函数内的值，但又不需要全部信息，那么可以通过 strsplit 函数来进行分割提取，范例如下：

```
> date()
[1] "Tue Jul 25 10:11:48 2017"
> A<-strsplit(date(),split=" ")
> A [[1]]
[1] "Tue" "Jul"     "25"
> A[[1]][1]
[1] "Tue"
> A[[1]][3]
[1] "25"
> A[[1]][5]
[1] "2017"
```

提取到各个时间的信息后，就可以将其用于其他应用。

2.5.5　字符串的替换与组合

本小节将介绍如何替换字符串，或者将字符串重新组合成新的字符串。

❖　字符串的替换——sub、gsub

语法：sub(old,new,x)
其中的自变量及功能见表 2-88。

表2-88

自变量	功能
old	被更换的字符串
new	用于更换的字符串
x	字符串对象

将 apple is wonderful 中的 apple 换成 banana，范例如下：

```
> sub('apple','banana','apple is wonderful')
[1] "banana is wonderful"
```

在 R 语言中，grep、sub、gsub 函数都使用正则表达式，表 2-89 中列出正规表达式中常用的特殊字符。

表2-89

操作符号	功能
\	转义字符，可参考前面的介绍
.	匹配任何单个字符，例如 "a.b" 可匹配 acb、a1b 等
*	之前的字符可出现零次或者多次，例如 "0*1234" 可匹配 1234、01234 或 0001234 等
^	字符串起始的位置
$	字符串结束的位置
\b	匹配字符串边界的位置，例如 "ee\b" 可匹配 bee，但不能匹配 feed
\B	匹配字符串，但不能为边界，例如 "ee\B" 可匹配 feed，但不能匹配 bee
[xyz]	匹配包含 x 或 y 或 z 的字符，例如 "[abc]" 可匹配 black 中的 a
[^xyz]	匹配未包含 x 或 y 或 z 的字符，例如 "[^abc]" 可匹配 black 中的 b、l、c 或 k
[a-z]	匹配字符的范围，从 a~z
[^a-z]	不匹配字符的范围，a~z 之外的字符，如 1 或 2

下面介绍正则表达式的用法，删除开头有 aa 的字符串，在 aa 前方加上^即可，范例如下：

```
> sub("^aa","",c("aabbccdd","ddccbbaa"))
[1] "bbccdd"   "ddccbbaa"
```

语法：gsub(old,new,x)

其中的自变量及功能见表 2-90。

表2-90

自变量	功能
old	被更换的字符串
new	用于更换的字符串
x	字符串对象

gsub 函数与 sub 函数的差别在于：sub 函数在一次函数执行中只会进行一次字符串替换，而 gsub 会将所有符合条件的字符串都进行替换，范例如下：

```
> sub('apple','banana','apple apple apple')
[1] "banana apple apple"
> gsub('apple','banana','apple apple apple')
[1] "banana banana banana"
```

❖　字符串的合并——paste、paste0

paste 为字符串合并函数，与 paste0 的不同之处在于：paste 将字符串合并后会以空格键分隔开，而 paste0 合并后并不会有分隔符；在语法上，paste 与 paste0 的差别仅在于 paste 使用 seq=" "自变量（含有空格作为分隔符），paste0 使用 seq=""（无任何分隔符）。

语法：paste(...)

其中的自变量及功能见表 2-91。

表2-91

自变量	功能
...	对象
seq	分隔符，默认为空格

一般字符串合并的范例如下：

```
> a
[1] 12345
> paste("a value:",a)
[1] "a value: 12345"
> paste0("a value:",a)
[1] "a value:12345"
```

接着通过 sep 自变量将分隔符改为无值（""），这样调用 paste 最终结果不会有空格，范例如下：

```
> paste(a,"6789")
[1] "12345 6789"
> paste(a,"6789" , sep="")
[1] "123456789"
```

在 sep 自变量中，不仅可以使用空格、空值，也可以使用字符串作为分隔符，范例如下：

```
> paste('d','a','c','b' ,sep=" and ")
[1] "d and a and c and b"
```

2.5.6　缺失项（NA）的处理

本小节将介绍如何处理缺失项（无变量或字符串）。

❖　判断是否有 NA——na.fail

语法：na.fail(object,...)

其中的自变量及功能见表 2-92。

表2-92

自变量	功能
object	R 对象，通常是 data.frame
...	进一步的参数

通过 na.fail 函数来检验两个变量内的向量是否有 NA 值，范例如下：

```
> x  # 是否有NA 值
[1]  1  2  3  5 NA  2 35  5
> y  # 无NA 值
[1] 1 2 3 4 5 6 7 8
> na.fail(x)
Error in na.fail.default(x) : missing values in object
> na.fail(y)
[1] 1 2 3 4 5 6 7 8
```

❖ 忽略 NA 值——na.omit

语法：na.omit(object,...)

其中的自变量及功能见表 2-93。

表2-93

自变量	功能
object	R 对象，通常是 data.frame
...	进一步的参数

na.omit 函数会将对象中的 NA 忽略，范例如下：

```
> x
[1]  1  2  3  5 NA  2 35  5
> na.omit(x)
[1]  1  2  3  5  2 35  5
attr(,"na.action") [1] 5
attr(,"class")
[1] "omit"
```

❖ 排除 NA 值——na.exclude

语法：na.exclude(object,...)

其中的自变量及功能见表 2-94。

表2-94

自变量	功能
object	R 对象，通常是 data.frame
...	进一步的参数

na.exclude 函数会将对象中的 NA 排除，与 na.omit 功能类似，范例如下：

```
> x
[1]  1  2  3  5 NA  2 35  5
> na.exclude(x)
[1]  1  2  3  5  2 35  5
attr(,"na.action") [1] 5
attr(,"class")
[1] "exclude"
```

❖ 判断元素是否为 NA——is.na

语法：is.na(x)

其中的自变量及功能见表2-95。

表2-95

自变量	功能
x	对象

判断 x 变量内各元素是否存在 NA，范例如下：

```
> x
[1]  1  2  3  5 NA  2 35  5
> is.na(x)
[1] FALSE FALSE FALSE FALSE  TRUE FALSE FALSE FALSE
```

2.6　其他

2.6.1　外部软件包与程序的加载

❖　安装软件包——install.packages

语法：install.packages(' 软件包名称')

通过 install.packages 函数来安装 ggplot2，命令如下：

```
> install.packages("ggplot2")
Installing package into '/home/user1/R/x86_64-pc-linux-gnu-library/3.0'  (as 'lib' is
unspecified)
--- Please select a CRAN mirror for use in this session ---
CRAN mirror

1: 0-Cloud [https]                  2: 0-Cloud
3: Algeria                          4: Argentina (La Plata)
5: Australia (Canberra)             6: Australia (Melbourne)
7: Austria [https]                  8: Austria
9: Belgium (Antwerp)               10: Belgium (Ghent)
11: Brazil (BA)                    12: Brazil (PR)
13: Brazil (RJ)                    14: Brazil (SP 1)
15: Brazil (SP 2)                  16: Canada (BC)
17: Canada (NS)                    18: Canada (ON)
19: Chile [https]                  20: Chile
21: China (Beijing 2)              22: China (Beijing 3)
23: China (Beijing 4) [https]      24: China (Beijing 4)
25: China (Xiamen)                 26: Colombia (Cali) [https]
27: Colombia (Cali)                28: Czech Republic
29: Denmark                        30: Ecuador
31: El Salvador                    32: Estonia
33: France (Lyon 1)                34: France (Lyon 2) [https]
35: France (Lyon 2)                36: France (Marseille)
37: France (Montpellier)           38: France (Paris 1)
39: France (Paris 2) [https]       40: France (Paris 2)
41: Germany (Berlin)               42: Germany (Göttingen)
```

```
43:  Germany (Münster) [https]     44:  Germany (Münster)
45:  Greece                        46:  Hungary
47:  Iceland [https]               48:  Iceland
49:  India                         50:  Indonesia (Jakarta)
51:  Iran                          52:  Ireland
53:  Italy (Milano)                54:  Italy (Padua) [https]
55:  Italy (Padua)                 56:  Italy (Palermo)
57:  Japan (Tokyo)                 58:  Japan (Yamagata)
59:  Korea (Seoul 1)               60:  Korea (Seoul 2)
61:  Korea (Ulsan)                 62:  Lebanon
63:  Mexico (Mexico City) [https]  64:  Mexico (Mexico City)
65:  Mexico (Texcoco)              66:  Mexico (Queretaro)
67:  Netherlands (Amsterdam)       68:  Netherlands (Utrecht)
69:  New Zealand                   70:  Norway
71:  Philippines                   72:  Poland
73:  Portugal (Lisbon)             74:  Russia (Moscow) [https]
75:  Russia (Moscow)               76:  Singapore
77:  Slovakia                      78:  South Africa (Cape Town)
79:  South Africa (Johannesburg)   80:  Spain (A Coruña) [https]
81:  Spain (A Coruña)              82:  Spain (Madrid)
83:  Sweden                        84:  Switzerland [https]
85:  Switzerland                   86:  Taiwan (Chungli)
87:  Taiwan (Taipei)               88:  Thailand
89:  Turkey (Denizli)              90:  Turkey (Mersin)
91:  UK (Bristol) [https]          92:  UK (Bristol)
93:  UK (Cambridge) [https]        94:  UK (Cambridge)
95:  UK (London 1)                 96:  UK (London 2)
97:  UK (St Andrews)               98:  USA (CA 1) [https]
99:  USA (CA 1)                    100: USA (CA 2)
101: USA (CO)                      102: USA (IA)
103: USA (IN)                      104: USA (KS) [https]
105: USA (KS)                      106: USA (MD) [https]
107: USA (MD)                      108: USA (MI 1) [https]
109: USA (MI 1)                    110: USA (MI 2)
111: USA (MO)                      112: USA (NC)
113: USA (OH 1)                    114: USA (OH 2)
115: USA (OR)                      116: USA (PA 1)
117: USA (PA 2)                    118: USA (TN) [https]
119: USA (TN)                      120: USA (TX) [https]
121: USA (TX)                      122: USA (WA) [https]
123: USA (WA)                      124: Venezuela
```

Selection: **86 #** 选择安装文件所在的位置
Warning: dependency 'plyr' is not available
also installing the dependencies 'reshape2', 'scales'

trying URL 'http://ftp.yzu.edu.tw/CRAN/src/contrib/reshape2_1.4.1.tar.gz'
Content type 'application/octet-stream' length 34693 bytes (33 Kb)
opened URL
==

```
downloaded 33 Kb

trying URL 'http://ftp.yzu.edu.tw/CRAN/src/contrib/scales_0.3.0.tar.gz'
Content type 'application/octet-stream' length 57030 bytes (55 Kb)  opened URL
=================================================
downloaded 55 Kb

trying URL 'http://ftp.yzu.edu.tw/CRAN/src/contrib/ggplot2_1.0.1.tar.gz'
Content type 'application/octet-stream' length 2351203 bytes (2.2 Mb)  opened URL
=================================================
downloaded 2.2 Mb

ERROR: dependency 'plyr' is not available for package 'reshape2'
removing '/home/user1/R/x86_64-pc-linux-gnu-library/3.0/reshape2'
ERROR: dependency 'plyr' is not available for package 'scales'
removing '/home/user1/R/x86_64-pc-linux-gnu-library/3.0/scales'
ERROR: dependencies 'plyr', 'reshape2', 'scales' are not available for package  'ggplot2'
removing '/home/user1/R/x86_64-pc-linux-gnu-library/3.0/ggplot2'

The downloaded source packages are in '/tmp/RtmptfxBYM/downloaded_packages'
Warning messages:
1: In install.packages("ggplot2") :
installation of package 'reshape2' had non-zero exit status
2: In install.packages("ggplot2") :
installation of package 'scales' had non-zero exit status
3: In install.packages("ggplot2") :
installation of package 'ggplot2' had non-zero exit status
>
```

❖ 更新软件包——update.packages

语法：install.packages('软件包名称')

范例如下：

```
> update.packages('RMySQL')
--- Please select a CRAN mirror for use in this session ---
CRAN   mirror
1:  0-Cloud [https]            2:   0-Cloud
3:  Algeria                    4:   Argentina (La Plata)
5:  Australia (Canberra)       6:   Australia (Melbourne)
7:  Austria [https]            8:   Austria
9:  Belgium (Antwerp)          10:  Belgium (Ghent)
11: Brazil (BA)                12:  Brazil (PR)
13: Brazil (RJ)                14:  Brazil (SP 1)
15: Brazil (SP 2)              16:  Canada (BC)
17: Canada (NS)                18:  Canada (ON)
19: Chile [https]              20:  Chile
21: China (Beijing 2)          22:  China (Beijing 3)
23: China (Beijing 4) [https]  24:  China (Beijing 4)
25: China (Xiamen)             26:  Colombia (Cali) [https]
27: Colombia (Cali)            28:  Czech Republic
```

```
29: Denmark                      30: Ecuador
31: El Salvador                  32: Estonia
33: France (Lyon 1)              34: France (Lyon 2) [https]
35: France (Lyon 2)              36: France (Marseille)
37: France (Montpellier)         38: France (Paris 1)
39: France (Paris 2) [https]     40: France (Paris 2)
41: Germany (Berlin)             42: Germany (Göttingen)
43: Germany (Münster) [https]    44: Germany (Münster)
45: Greece                       46: Hungary
47: Iceland [https]              48: Iceland
49: India                        50: Indonesia (Jakarta)
51: Iran                         52: Ireland
53: Italy (Milano)               54: Italy (Padua) [https]
55: Italy (Padua)                56: Italy (Palermo)
57: Japan (Tokyo) [https]        58: Japan (Tokyo)
59: Japan (Yamagata)             60: Korea (Seoul 1)
61: Korea (Seoul 2)              62: Korea (Ulsan)
63: Lebanon                      64: Mexico (Mexico City) [https]
65: Mexico (Mexico City)         66: Mexico (Texcoco)
67: Mexico (Queretaro)           68: Netherlands (Amsterdam)
69: Netherlands (Utrecht)        70: New Zealand
71: Norway                       72: Philippines
73: Poland                       74: Portugal (Lisbon)
75: Russia (Moscow) [https]      76: Russia (Moscow)
77: Singapore                    78: Slovakia
79: South Africa (Cape Town)     80: South Africa (Johannesburg)
81: Spain (A Coruña) [https]     82: Spain (A Coruña)
83: Spain (Madrid) [https]       84: Spain (Madrid)
85: Sweden                       86: Switzerland [https]
87: Switzerland                  88: Taiwan (Chungli)
89: Taiwan (Taipei)              90: Thailand
91: Turkey (Denizli)             92: Turkey (Mersin)
93: UK (Bristol) [https]         94: UK (Bristol)
95: UK (Cambridge) [https]       96: UK (Cambridge)
97: UK (London 1)                98: UK (London 2)
99: UK (St Andrews)             100: USA (CA 1) [https]
101: USA (CA 1)                 102: USA (CA 2)
103: USA (CO)                   104: USA (IA)
105: USA (IN)                   106: USA (KS) [https]
107: USA (KS)                   108: USA (MI 1) [https]
109: USA (MI 1)                 110: USA (MI 2)
111: USA (MO)                   112: USA (NC)
113: USA (OH 1)                 114: USA (OH 2)
115: USA (OR)                   116: USA (PA 1)
117: USA (PA 2)                 118: USA (TN) [https]
119: USA (TN)                   120: USA (TX) [https]
121: USA (TX)                   122: USA (WA) [https]
123: USA (WA)                   124: Venezuela
Selection:89

...
```

❖ 加载软件包——library、require

library 和 require 都是加载软件包的函数，两者的差别在于 library 加载时遇到不存在的软件包时会停止执行，而 require 加载到不存在的软件包则会继续执行。下面分别介绍两个函数的用法。

语法：library(软件包,argument...)

其中的自变量及功能见表 2-96。

表2-96

自变量	功能
package	软件包名称
pos	显示的行数，必须是整数
lib.loc	默认为 NULL，通过一个参数说明是否通过 R 数据库的位置进行搜索
character.only	TRUE 或 FALSE，说明输入软件包是否能假设为字符串
logical.reTURN	TRUE 或 FALSE，会被返回说明是否成功
warn.conflicts	如果该自变量为 TRUE，就会显示警告，并且附上新软件包的名称
verbose	详细显示
quietly	如果该自变量为 TRUE,就不会有信息显示出来，而通常软件包加载失败则会显示 no errors/warnings

加载 quantmod 软件包，范例如下：

```
> library(quantmod)
Loading required package: xts
Loading required package: zoo

Attaching package: 'zoo'

The following object is masked from 'package:base':

        as.Date, as.Date.numeric

Loading required package: TTR
Version 0.4-0 included new data defaults. See ?getSymbols.
```

加载的软件包必须先通过 install.packages 函数来安装，加载成功后才可以使用，有关 install.packages 函数的介绍可以参考本节前面的内容。

下面再来看看 require 函数的用法，比较一下两个函数的差别，试验一下不存在的软件包，范例如下：

```
> require(123)
Loading required package: 123
Warning message:
In library(package, lib.loc = lib.loc, character.only = TRUE, logical.return =  TRUE,:
there is no package called '123'
> library(123)
Error in library(123) : there is no package called '123'
```

❖ 卸载软件包——detach

语法：detach(name)

其中的自变量及功能见表 2-97。

表2-97

自变量	功能
name	要卸载的对象（软件包）

卸载已安装的软件包，范例如下：

```
> library(splines)
> pkg <- "package:splines"
> pkg
[1] "package:splines"
> detach(pkg, character.only = TRUE)
```

❖ 加载外部程序——source

语法：source('file',argument...)

其中的自变量及功能见表 2-98。

表2-98

自变量	功能
file	加载的文件，文件所在位置
local	本地
echo	显示回应
verbose	详细信息

用户可以将写好的 R 文件通过 source 函数导入 R 语言，该文件的扩展名必须为 ".R"，导入时必须输入文件路径。

demo.R 文件内容如下：

```
library(quantmod)  # 加载 financial 模块
library(RMySQL)    # 加载 MySQL 模块
```

通过 source 函数将 demo.R 导入 R 语言中，在输入文件路径时必须通过单引号引起来。

```
> source('demo.R')
Loading required package: xts Loading required package: zoo

Attaching package: 'zoo'

The following object is masked from 'package:base':

    as.Date, as.Date.numeric

Loading required package: TTR
Version 0.4-0 included new data defaults. See ?getSymbols. Loading required package: DBI
```

另外，加载文件时，如果工作路径为当前路径，就不用再输入路径；如果路径不在工作路径下，就必须输入相对应的路径或者输入绝对路径。

可以通过 getwd 或 setwd 来获得工作路径或设置工作路径，在本节的后面会说明这两种函数。

❖ 执行系统程序——system、system2

system 与 system2 的操作方式大致相同，差异在于 system2 可以将外部命令的参数写到 arg 自变量中。

语法：system(commend)、system2(commend)

其中的自变量及功能见表 2-99。

表2-99

自变量	功能
command	外部命令
intern	是否将命令的输出作为 R 的向量
wait	是否应该等待程序执行完成

范例如下：

```
> system('ls')
DB   Desktop        Documents        Downloads
> system('ls',intern=TRUE) -> x
> x
[1] "DB"                          "Desktop"
[3] "Documents"                   "Downloads"
> system2('ls' ,arg='-l')
total 8152
drwxr-xr-x 2 root root  4096 Jun 20  2015 DB
drwxr-xr-x 2 root root  4096 Apr 29  2015 Desktop
drwxr-xr-x 2 root root  4096 Apr 29  2015 Documents
drwxr-xr-x 2 root root  4096 Apr 29  2015 Downloads
```

❖ 将执行参数存为变量——commandArgs

语法：commandArgs(参数)

其中的自变量及功能见表 2-100。

表2-100

自变量	功能
参数	会将参数变为程序内的变量

范例如下：

写一个 Rscript，并命名为 test1.R，范例如下：

```
args <- commandArgs(trailingOnly = TRUE)
print(args[1])
x<-as.numeric(args[2]) + 1
print(x)
```

在命令行中可在 Rscript 命令后面加上 test1.R，再加上两个自变量，第一个自变量为 "args[1]"，第二个自变量为 "args[2]"，以此类推。在命令行执行结果如下：

```
# Rscript test1.R Hello 20
[1] "Hello"
[1] 21
```

2.6.2 系统环境命令

❖ 设置、获取系统各项参数——options、getOption

语法：options(...)、getOption(x)

其中的自变量及功能见表 2-101。

表2-101

自变量	功能
x	系统参数
add.smooth	是否增加平滑，或者指定平滑度
browserNLdisabled	是否换行
checkPackageLicense	没有默认值，如果为 TRUE，library 要求用户接受第一次非标准授权
check.bounds	如果为 TRUE，当向量扩展出界时，将产生错误信息
continue	当一行命令未结束时，下行继续输入提示

options 函数可以设置系统各项参数，范例如下：

```
> options(digits = 15)
> pi
[1] 3.14159265358979
> getOption('digits')
[1] 15
```

❖ 获取工作路径——getwd

语法：getwd()

自变量：无

范例如下：

```
> getwd()
[1] "/home/user1"
```

❖ 设置工作路径——setwd

语法：setwd(dir)

其中的自变量及功能见表 2-102。

表2-102

自变量	功能
dir	设置的工作路径

范例如下：

```
> getwd()
[1] "/home/user1"
> setwd('/home')
> getwd()
[1] "/home"
>
```

❖ **设置启动和结束前所执行的函数——.First、.Last**

通常，程序员在使用 R 语言编译程序时都有自己习惯的操作方式及环境变量，在 R 运行环境中，环境变量可以通过 Option 函数来调整，小数位数的限制、数值显示宽度等设置都可以调整，这也是 R 非常方便的地方。

".First"与".Last"两款函数并非 R 语言的常规函数，需要用户定义，系统开始时启动".First"，结束时启动".Last"，定义这两种函数最常用的方式是定义 Option 变量、加载软件包模块、加载自己开发的软件包库，可以省去每次加载模块、置换 Option 变量的时间。

如果要让".First"函数在登录 R 时自动执行以及让".Last"函数在登出系统时自动执行，就必须将写好的".First"".Last"函数内容写到".Rprofile"中。R 语言系统在启动后，搜索用户当前路径下的".Rprofile"时，就能自动执行该文件。

下面介绍".First"".Last"两种函数的写法，方法与定义常规的函数相同。以下为基本的".First"".Last"的范例，本范例是在 Linux 操作系统中实现的：

```
# vi .Rprofile
```

文件内容如下：

```
.First <- function(){
cat("\n Welcome to use R , now ",date(),"\n")
}

.Last <- function(){
cat("\n Goodbye at",date(),"\n")
}
```

登录 R 时的屏幕显示内容如下：

```
# R
R version 3.0.1 (2013-05-16) -- "Good Sport"
Copyright (C) 2013 The R Foundation for Statistical Computing
Platform: x86_64-pc-linux-gnu (64-bit)

R is free software and comes with ABSOLUTELY NO WARRANTY.
You are welcome to redistribute it under certain conditions.
Type 'license()' or 'licence()' for distribution details.

R is a collaborative project with many contributors.
Type 'contributors()' for more information and
'citation()' on how to cite R or R packages in publications.

Type 'demo()' for some demos, 'help()' for on-line help, or
'help.start()' for an HTML browser interface to help.
Type 'q()' to quit R.

[Previously saved workspace restored]
```

```
Welcome to use R , now  Tue Dec 29 20:18:40 2015    ←————————定义在 ".First"
>
> q()      # 离开R
Save workspace image? [y/n/c]: n

Goodbye at Tue Dec 29 20:19:27 2015                 ←————————定义在 ".Last"
```

2.6.3 日期、时间相关的函数

❖ 建立时间序列——ts

语法：ts(date)

其中的自变量及功能见表 2-103。

表2-103

自变量	功能
date	日期
start	起始时间
end	结束时间
frequency	每个单位时间的观察次数
ts.eps	时间间隔频率
class	定义系列
names	向量名称
x	任意 R 对象

生成时间序列，范例如下：

```
> gnp <- ts(cumsum(1 + round(rnorm(100), 2)),start = c(1954, 7))
> gnp
Time Series:
Start = 1960
End = 2059
Frequency = 1
 [1]  1.14  2.27  4.97  6.05  7.38  7.61  7.90  9.15  8.08  9.08  9.59 11.70
[13] 12.21 12.82 12.71 14.76 18.73 19.77 19.77 22.43 24.61 23.40 22.85 24.88
[25] 26.24 26.62 26.89 27.48 27.71 29.00 30.97 32.46 34.45 36.17 36.78 38.18
[37] 38.84 39.61 39.51 40.91 40.86 42.07 41.82 42.85 44.35 44.87 45.49 47.34
[49] 49.78 49.85 51.99 52.75 53.98 56.21 57.95 59.23 59.43 61.05 61.49 61.89
[61] 61.69 63.01 63.68 65.72 67.49 69.59 68.36 69.08 69.61 69.55 70.73 71.40
[73] 71.41 70.71 71.75 73.28 74.18 75.77 78.20 79.19 79.20 80.01 81.65 80.83
[85] 82.49 82.53 83.26 83.16 85.16 86.32 87.09 87.73 86.74 86.33 86.88 87.47
[97] 89.02 89.84 91.13 92.25
```

❖ 计算程序代码运行时间——proc.time、system.time

语法：proc.time()

自变量：无

范例如下：

首先查看执行 proc.time 所需时间：

```
> proc.time()
user     system   elapsed
0.206    0.009    1915.543
```

接着通过执行循环来计算循环运行的时间：

```
> proc.time()->start
> for(i in 1:10000) (sample(x, size=5,replace=FALSE))
> proc.time()-start
  user   system elapsed
 0.036  0.001    1.920
```

语法：system.time(expr, gcFirst = TRUE)

其中的自变量及功能见表 2-104。

表2-104

自变量	功能
expr	表达式
gcFirst	默认为 TRUE，表示是否应该在垃圾收集后马上显示（注：gc 表示垃圾收集机制）

执行循环来计算运行的时间，范例如下：

```
> system.time(for(i in 1:10000) (sample(x, size=5,replace=FALSE)))
user     system elapsed
0.032    0.000    0.032
```

❖　读取当前的日期、时间——Sys.Date、Sys.time

语法：Sys.Date()

自变量：无

范例如下：

```
> Sys.Date()
[1] "2015-11-21"
```

语法：Sys.time()

自变量：无

范例如下：

```
> Sys.time()
[1] "2015-11-21 10:53:58 CST"
```

第3章 外部数据的读取

R 是一款可应用在统计、科学计算、财务工程、大数据分析的软件，当我们在进行数据计算以及分析时，必须先将数据导入 R 中。导入 R 中有几种常用的方式，例如通过文本文件导入、通过 CSV 文件导入、通过数据库提取数据等。在本章中，我们将会详细介绍外部数据的读取方式。

3.1 文本文件的读取

进行数据分析时，首先要做的是将数据导入 R 系统中，接着通过 R 语言对数据进行各种运算。

信息的保存方式有许多类型，最常使用的是文本文件，因此读取数据时最常碰到的就是文本文件类型。在本节中将介绍如何将文本文件读入 R 中，方便程序的使用。

3.1.1 将文本文件内容存为变量

在 R 中导入文本文件时，只要通过 read.csv 指令就可以读取文件内容。另外，在 R 中，指令或函数是区分字母大小写的，而 read.csv 指令全部为小写，注意不要输入错误。

在还没进入 R 之前，先介绍一个概念，也就是进入 R 时，在 R 内的默认目录就是进入 R 之前最后的当前目录，例如在 Linux 中，若在/home/user1 目录进入 R 的系统界面，则进入 R 后的默认路径就为/home/user1，此时，如果要读取文件，相对路径就为当前目录。若文件 123.txt 在/home/user1 目录下，则直接输入指令 read.csv("123.txt")即可。若文件 123.txt 在 home 目录下，则要输入指令的形式为 read.csv("../123.txt")，或者输入带绝对路径的指令 read.csv("/home/123.txt")。在 Windows 中的目录分隔符为"\"，但在 R 中的目录分隔符号为"/"，因此执行"A<-read.csv("G:\tmp\crude.csv")"会出现错误，必须执行"A<- read.csv("G:/tmp/crude.csv")"。

接下来介绍如何通过 read.csv 指令来读取文件内容。2330.csv 的文件内容如下：

```
"2012-01-02","09:00:00",75,75.3,75,75.1,3344,75
"2012-01-02","10:00:00",75.1,75.3,74.9,74.9,3698,75.1
"2012-01-02","11:00:00",74.8,74.9,74.7,74.7,1939,74.8
"2012-01-02","12:00:00",74.9,75.1,74.7,75.1,2554,74.9
"2012-01-02","13:00:00",75.1,75.4,74.9,75,3388,75.1
"2012-01-03","09:00:00",75.5,75.7,75.4,75.7,6350,75.5
"2012-01-03","10:00:00",75.7,75.7,75.5,75.7,4217,75.7
"2012-01-03","11:00:00",75.6,75.9,75.6,75.7,5621,75.6
"2012-01-03","12:00:00",75.6,75.8,75.6,75.6,2335,75.6
"2012-01-03","13:00:00",75.6,75.7,75.2,75.7,2663,75.6
```

进入 R 界面，读取 2330.csv 文件，因为是在当前目录下，所以直接输入文件名即可，输入指令 read.csv("2330.csv")（如果不加参数，该数据文件的第一行内容就会被视为字段名；如果第一行就是数据本身，就要加上参数 header=F，完整的指令为 read.csv("2330.csv",header=F)），过程如下：

```
> read.csv("2330.csv")
     X2012.01.02  X09.00.00    X75    X75.3   X75.2   X75.1   X3344   X75.4
1    2012-01-02   10:00:00    75.1    75.3    74.9    74.9    3698    75.1
2    2012-01-02   11:00:00    74.8    74.9    74.7    74.7    1939    74.8
3    2012-01-02   12:00:00    74.9    75.1    74.7    75.1    2554    74.9
4    2012-01-02   13:00:00    75.1    75.4    74.9    75.0    3388    75.1
5    2012-01-03   09:00:00    75.5    75.7    75.4    75.7    6350    75.5
6    2012-01-03   10:00:00    75.7    75.7    75.5    75.7    4217    75.7
7    2012-01-03   11:00:00    75.6    75.9    75.6    75.7    5621    75.6
8    2012-01-03   12:00:00    75.6    75.8    75.6    75.6    2335    75.6
9    2012-01-03   13:00:00    75.6    75.7    75.2    75.7    2663    75.6
10   2012-01-04   09:00:00    76.1    76.1    75.7    75.9    8733    76.1
```

通过 R 读取数据后，我们会发现数据的内容格式与原本的截然不同，那是因为 R 本身在读取数据时会将逗号视为数据分隔符，直接按分隔符读入数据，并且将每一行数据存成序列的概念，所以在每一行数据前面都会加上序列编号。

数据由 read.csv 指令读取后，该如何进行计算呢？这时计算还太早了，为了避免每次使用数据时都读取文件，所以我们将读取完成的数据导向到变量内，完成后，这些数据会成为 R 内的变量，就可以使用这些数据进行各种运算。

下面通过指令将 read.csv("2330.csv") 的执行结果存成变量 stock，执行过程如下：

```
> stock<-read.csv("2330.csv")
> stock
     X2012.01.02  X09.00.00 X75  X75.3 X75.2   X75.1 X3344   X75.4
1    2012-01-02   10:00:00  75.1 75.3  74.9    74.9 3698     75.1
2    2012-01-02   11:00:00  74.8 74.9  74.7    74.7 1939     74.8
3    2012-01-02   12:00:00  74.9 75.1  74.7    75.1 2554     74.9
4    2012-01-02   13:00:00  75.1 75.4  74.9    75.0 3388     75.1
5    2012-01-03   09:00:00  75.5 75.7  75.4    75.7 6350     75.5
6    2012-01-03   10:00:00  75.7 75.7  75.5    75.7 4217     75.7
7    2012-01-03   11:00:00  75.6 75.9  75.6    75.7 5621     75.6
8    2012-01-03   12:00:00  75.6 75.8  75.6    75.6 2335     75.6
9    2012-01-03   13:00:00  75.6 75.7  75.2    75.7 2663     75.6
10   2012-01-04   09:00:00  76.1 76.1  75.7    75.9 8733     76.1
```

通过直接调用变量（如 stock(2,3) 代表第 2 行第 3 列的值：74.8）就可以显示出变量值，当读取的数据存为变量时，就可以开始进行数据的计算。

3.1.2　根据固定字符分隔字段

R 通过 read.csv 指令读取外部数据时，默认通过逗号","分隔字段，但如果该文本文件并不是以逗号来分隔字段信息的，就会发生错误。因此，如果是其他类型的分隔符，就需要指定分隔字段的字符。

在介绍使用不同分隔符之前，先了解错误使用分隔符时会发生的问题。假如 123.txt 文件是通过分号进行分隔的，但 read.csv 默认是通过逗号分隔字段的，就会发生所有数据无法分隔的错误，示例如下：

```
> read.csv("123.txt")
region.gender.age.edcat.jobcat.employ.income
1    1;1;20;3;1;0;31.00
2    5;0;22;4;2;0;15.00
3    3;1;67;2;2;16;35.00
4    4;0;23;3;2;0;20.00
5    2;0;26;3;2;1;23.00
6    4;0;64;4;3;22;107.00
7    2;1;52;2;1;10;77.00
8    3;1;44;3;1;11;97.00
9    2;1;66;2;1;15;16.00
10   2;0;47;1;6;19;84.00
```

这时可使用 read.table 加上分隔参数 "sep=";"" 指定 ";" 作为分隔符，方法如下：

```
> read.table("123.txt",sep=";")
     region    gender    age    edcat    jobcat    employ    income
1       1         1       20      3         1         0         31
2       5         0       22      4         2         0         15
3       3         1       67      2         2        16         35
4       4         0       23      3         2         0         20
5       2         0       26      3         2         1         23
6       4         0       64      4         3        22        107
7       2         1       52      2         1        10         77
8       3         1       44      3         1        11         97
9       2         1       66      2         1        15         16
10      2         0       47      1         6        19         84
```

如果加上 "sep=","，就表示使用 "," 来分隔字段，等同于 read.csv 的用法。

3.1.3　通过 Linux 指令转换字段格式

一般数据的内容格式包罗万象，当我们拿到数据的时候，该如何将其转换成 R 能够处理的数据呢？在前文介绍过，R 可以通过固定字符将数据依照字段分隔，并且将数据序列化，所以要被 R 读取的数据必须有基本的固定字符来分隔字段。

在 Linux 中，可以进行字符串处理的常用指令为 cut、sed、awk，而在这三条指令中，最常使用的是 awk，原因是在处理大数据时，awk 的用法较为灵活。下面分别介绍这三条指令的用法。

❖　提取文件中每一行的指定范围——cut

语法：cut [参数] [文件名]

其中的参数及功能见表 3-1。

表3-1

参数	功能
-b 输出范围	输出指定的字节数或范围
-c 输出范围	输出指定的字符数或范围
-d 分隔符	指定分隔字段的字符
-f 输出范围	设置输出的范围
-s	若该行没有分隔字段的分隔符，则不显示该行
--help	显示帮助信息
--version	显示版本信息

范例如下：

1. 将/etc/passwd 中的账号字段列出

/etc/passwd 的内容如下：

```
root:x:0:0:root:/root:/bin/bash
bin:x:1:1:bin:/bin:/bin/false
daemon:x:2:2:daemon:/sbin:/bin/false
adm:x:3:4:adm:/var/adm:/bin/false
lp:x:4:7:lp:/var/spool/lpd:/bin/false
sync:x:5:0:sync:/sbin:/bin/sync
halt:x:7:0:halt:/sbin:/sbin/halt
mail:x:8:12:mail:/var/spool/mail:/bin/false
news:x:9:13:news:/usr/lib/news:/bin/false
```

通过 cut 的选取将前三个字母抽出：

```
# cut -b 1-3 /etc/passwd
roo
bin
dae
adm
lp:
syn
hal
mai
new
```

使用 ":" 作为分隔字段的分隔符：

```
# cut -f 1 -d : /etc/passwd
root
bin
daemon
adm
lp
sync
halt
mail
news
```

使用分隔符即可将正确的账号列出，这也是比较常用的参数。

2. 将/etc/passwd 中的账号与根目录字段列出

```
# cut -f 1,6 -d : /etc/passwd  ◄─────── 由于账号在第一字段，而根目录
root:/root                             在第六字段，故使用-f1,6
bin:/bin
daemon:/sbin
adm:/var/adm
lp:/var/spool/lpd
sync:/sbin
halt:/sbin
mail:/var/spool/mail
news:/usr/lib/news
```

 提示　当文件的一行中有多个字段时，可通过此指令将需要的字段取出。

❖ 文件内容修改——sed

语法：sed [参数] [语法] [文件名]
其中参数及功能见表 3-2。

表3-2

参数	功能
-n	安静模式，自动执行
-l N	指定每一行最多 N 个字符，超过则自动折行
-s	将文件视为分离的，而不是单独连续的长字符串
--help	显示联机帮助
-V	显示版本信息

sed 的语法众多且复杂，因此仅列举两个常用的语法如下：

'[范围][操作]/[原字符串]/[新字符串]/[操作]'
'[字符串]/[操作]/[原字符串]/[新字符串]/[操作]'

以下范例都以 testfile 为例来说明，testfile 的文件内容如下：

```
this is line 1
this is line 2
this is line 2
this is line 3
this is line 3
```

1. 将 testfile 的 2、3 行删除

```
# sed '2,3d' testfile
this is line 1
this is line 3
this is line 3
```

2. 将文件中 is 的字符串换成 paper

```
# sed 's/is/paper/' testfile   ←————————————— 仅换每行的第一个 is
thpaper is line 1
thpaper is line 2
thpaper is line 2
thpaper is line 3
thpaper is line 3
# sed 's/is/paper/g' testfile  ←————————————— 换每行的所有 is
thpaper paper line 1
thpaper paper line 2
thpaper paper line 2
thpaper paper line 3
thpaper paper line 3
```

3. 在含有 2 的该行内容中，若有 line 这个字符串，则全部换为 special

```
# sed '/2/s/line/special/g' testfile
this is line 1
this is special 2
this is special 2
this is line 3
this is line 3
```

❖ 文字数据的高级处理——awk

语法：awk [参数] [输出条件] [文件]

参数及功能见表 3-3。

表3-3

参数	功能
-F "字符"	以指定的字符作为分隔字段的分隔符
--help	显示帮助信息
--version	显示版本信息

保留变量：参数及功能见表 3-4。

表3-4

参数	功能
ARGC	指令执行所使用的参数个数（不包含 awk 本身）
ARGV	指令执行所使用的参数，以数组的方式来表示
CONVFMT	数字输出的格式
FILENAME	所输入的文件名
FS	每个字段所使用的分隔符
IGNORECASE	忽略字母大小写
NF	字段的个数
NR	输入记录的编号
OFMT	字符输出的格式
OFS	数字输出的格式
ORS	每项数据的输出格式，默认为换行

（续表）

参数	功能
RS	每项数据的输入格式，默认为换行

输出条件：参数及功能见表3-5。

表3-5

参数	功能
index(字符串 , 子字符串)	字符串中的子字符串所在的位置
length(字符串)	字符串的长度
print(字符串)	输出字符串
split(字符, 数组, 字符串)	将字符串用分隔符分割后，存入数组中
substr(字符串, m, n)	在字符串中，从位置 m 到位置 n 的字符

范例如下：

1. 显示/etc/passwd 的内容

```
# awk '{print}' /etc/passwd
root:x:0:0:root:/root:/bin/bash
bin:x:1:1:bin:/bin:/sbin/nologin
daemon:x:2:2:daemon:/sbin:/sbin/nologin
adm:x:3:4:adm:/var/adm:/sbin/nologin
lp:x:4:7:lp:/var/spool/lpd:/sbin/nologin
sync:x:5:0:sync:/sbin:/bin/sync
halt:x:7:0:halt:/sbin:/sbin/halt
mail:x:8:12:mail:/var/spool/mail:/sbin/nologin
news:x:9:13:news:/etc/news:
uucp:x:10:14:uucp:/var/spool/uucp:/sbin/nologin
```

我们可以发现输出的结果与 cat/etc/passwd 是相同的。

2. 将/etc/passwd 中的内容以冒号进行分隔，取出第一个与第六个字段

```
# awk -F":" '{ print $1 $6 }' /etc/passwd
root/root
bin/bin
daemon/sbin
adm/var/adm
lp/var/spool/lpd
sync/sbin
halt/sbin
mail/var/spool/mail
news/etc/news
uucp/var/spool/uucp
```

3. 接着上面的范例，在第一个字段的前面加上 "user:"，在第一个字段与第六个字段之间加上 [Tab] 键隔开，并在第六个字段的前面加上"home="

```
# awk -F":" '{ print "user:" $1 "\t home=" $6 }' /etc/passwd
user:root       home=/root
user:bin        home=/bin
```

```
user:daemon      home=/sbin
user:adm         home=/var/adm
user:lp          home=/var/spool/lpd
user:sync        home=/sbin
user:halt        home=/sbin
user:mail        home=/var/spool/mail
user:news        home=/etc/news
user:uucp        home=/var/spool/uucp
```

3.1.4 范例实践

例如，有一份数据量大的文件，抽取两组数据如下：

```
=HEADER=
AAA:53
BBB:1
CCC:6
DDD:3
EEE:164
=BODY=
FFF:1436
GGG:08:30:06.79
HHH:00000110
=HEADER=
AAA:102
BBB:1
CCC:6
DDD:3
EEE:165
=BODY=
FFF:2330
GGG:08:30:06.79
HHH:01011010
```

其中，"=HEADER="为数据的文件头部分，"=BODY="为数据的内容部分，而下一个 "=HEADER="则是下一组数据的开始，以此类推。我们希望将 AAA、BBB、CCC、DDD、EEE 的数据过滤掉，只保留 FFF、GGG、HHH 的内容，并以逗号分隔，如下所示：

```
1436,08:30:06.79,00000110
2330,08:30:06.79,01011010
```

这样的数据格式可以导入 MySQL 或 R 语言并直接进行计算，十分方便。要处理这样的数据，可通过 Linux 的指令来完成。

步骤01　将包含 AAA:、BBB:、CCC:、DDD:、EEE:、HEADER 的行过滤掉。

　　　　grep -Ev 'AAA|BBB|CCC|DDD|EEE|BODY' A.txt
　　　　执行后结果如下：

```
$ grep -Ev 'AAA|BBB|CCC|DDD|EEE|BODY' A.txt
=HEADER=
```

```
FFF:1436
GGG:08:30:06.79
HHH:00000110
=HEADER=
FFF:2330
GGG:08:30:06.79
HHH:01011010
```

步骤02 将换行符删除。

使用指令 tr 就可以将换行符 "\n" 删除，接续步骤 01 的指令如下：

```
$ grep -Ev 'AAA|BBB|CCC|DDD|EEE|BODY' A.txt | tr -d '\n'
=HEADER=FFF:1436GGG:08:30:06.79HHH:00000110=HEADER=FFF:2330GGG:08:30:06.79H HH:01011010
```

步骤03 将 "=HEADER=" 替换为换行符。

使用指令 sed 就可以替换为特定字符串，接续步骤 01~步骤 02 的指令如下：

```
$ grep -Ev 'AAA|BBB|CCC|DDD|EEE|BODY' A.txt | tr -d '\n' | sed 's/=HEADER=/\n/g'

FFF:1436GGG:08:30:06.79HHH:00000110
FFF:2330GGG:08:30:06.79HHH:01011010algo1
```

步骤04 将 "FFF:" 替换为空格符。

使用指令 sed 就可以更换为特定字符串，接续步骤 01~步骤 03 的指令如下：

```
$ grep -Ev 'AAA|BBB|CCC|DDD|EEE|BODY' A.txt | tr -d '\n' | sed 's/=HEADER=/\n/g'
| sed 's/FFF://g'

1436GGG:08:30:06.79HHH:00000110
2330GGG:08:30:06.79HHH:01011010
```

步骤05 将 "GGG:" 与 "HHH:" 替换为 ","。

使用指令 sed 就可以更换特定字符串，接续步骤 01~步骤 04 的指令如下：

```
$ grep -Ev 'AAA|BBB|CCC|DDD|EEE|BODY' A.txt | tr -d '\n' | sed 's/=HEADER=/\n/g'
| sed 's/FFF://g' | sed 's/GGG:/,/g' | sed 's/HHH:/,/g'

1436,08:30:06.79,00000110
2330,08:30:06.79,01011010
```

因此，通过一行指令就能转换这类文本文件，即使是超过 1GB 的文件，都能在几分钟内完成：

grep -Ev 'AAA|BBB|CCC|DDD|EEE|BODY' A.txt | tr -d '\n' | sed 's/=HEADER=/\n/g' | sed 's/FFF://g' | sed 's/GGG:/,/g' | sed 's/HHH:/,/g'

更多的变化与应用就需要读者自己挖掘了。

3.2 数据库的读取

MySQL 是一款开放源代码的数据库软件，并且在 R 语言中，可以通过 RMySQL 软件包来进行链接，让 R 语言可以直接使用数据库。

3.2.1 创建 MySQL 数据库与数据表

操作数据库的首要工作是创建数据库，因为数据库的基本结构就是由数据库向下延伸到数据表。

❖ **创建及删除数据库**

创建数据库的语法如下：

CREATE DATABASE 数据库名称

范例如下：

```
> CREATE DATABASE sampledatabases;
Query OK, 1 row affected (0.01 sec)
> show databases; # 查看是否创建成功
+--------------------+
| Database           |
+--------------------+
| information_schema |
| mysql              |
| performance_schema |
| sampledatabases    |
+--------------------+
4 rows in set (0.00 sec)
```

删除数据库的语法如下：

DROP DATABASE 数据库名称

范例如下：

```
> DROP DATABASE sampledatabases;
Query OK, 0 rows affected (0.06 sec)
> show databases; # 查看是否删除成功
+--------------------+
| Database           |
+--------------------+
| information_schema |
| mysql              |
| performance_schema |
+--------------------+
3 rows in set (0.00 sec)
```

创建和删除数据库大多是由数据库管理员来执行的，没有相关权限的数据库，用户是无法创建或删除数据库的。

❖ **创建数据表**

创建数据表比创建数据库要复杂一点，因为创建数据表必须定义表名、字段、数据类型，还要考虑每个字段实际上的用途以及需求。如果是一般的小额整数数值，就可以用简单的数据类型，例如 INT。不同数据类型的用法以及每个字段所占的空间都不同，如果数据库的字段数据类型设置得当，就能提高搜索数据库时的效率。

创建数据表的语句如下：

CREATE TABLE 数据表名称(
字段名 数据类型,
字段名 数据类型,
字段名 数据类型,
....);

在字段名和数据类型中间必须加上一个空格。

下面通过范例来介绍数据表的创建，语法如下：

create table student0101(
ID int,
name varchar(10),
height varchar(10),
weight varchar(10));

执行指令后的输出结果如下：

```
> create table student0101(
-> ID int,
-> name varchar(10),
-> height varchar(10),
-> weight varchar(10));
Query OK, 0 rows affected (0.58 sec)
```

上述语句可以创建具有 4 个字段的数据表，分别使用 INT、VARCHAR 两种数据类型，INT 为数值类型，VARCHAR 为可变长度的字符串类型。

查看字段类型的指令执行如下：

```
> describe student0101;
+--------+-------------+--------+-----+--------+-----+
| Field  | Type        | Null   | Key |Default |Extra|
+--------+-------------+--------+-----+--------+-----+
| ID     | int(11)     | YES    |     | NULL   |     |
| name   | varchar(10) | YES    |     | NULL   |     |
| height | varchar(10) | YES    |     | NULL   |     |
| weight | varchar(10) | YES    |     | NULL   |     |
+--------+-------------+--------+-----+--------+-----+
4 rows in set (0.00 sec)
```

3.2.2 使用数据库语句存取数据

MySQL 可以直接通过命令行管理数据库，在 Linux 的命令行中输入 mysql-p 的命令后，就可以使用数据库了。

这里介绍的 MySQL 存取与 R 还没有直接关联，只是介绍用户该如何单独操作和存取数据库。MySQL 存取数据库是通过 MySQL 指令的，下面介绍搜索以及查询功能。

本小节使用"student"数据表作为范例数据表，见表 3-6。

表3-6

ID	name	height	weight
102404248	jack	180	80
102404246	hizeba	170	90
102404247	panpan	165	50
102404225	zichang	165	65

❖ SELECT 语句

查询是使用数据库最常使用的功能之一，是由 SELECT 与 FROM 所组成的，SELECT 后面加上要搜索的字段或通配符——星号（*），FROM 的后面加上要搜索的数据表。

如果要搜索多个字段，字段就由逗号","来分隔；如果要搜索数据表全部的字段，就需要使用用通配符"*"。

下面介绍各种不同搜索的技巧和用法。

1. 搜索出所有的字段

查询数据的语法如下：

*SELECT * FROM 数据表名称;*

范例语法如下：

*SELECT * FROM student;*

语句执行的输出结果如下：

```
> SELECT * FROM student;
+-----------+---------+--------+--------+
| ID        | name    | height | weight |
+-----------+---------+--------+--------+
| 102404248 | jack    | 180    | 80     |
| 102404246 | hizeba  | 170    | 90     |
| 102404247 | panpan  | 165    | 50     |
| 102404225 | zichang | 165    | 65     |
+-----------+---------+--------+--------+
4 rows in set (0.00 sec)
```

执行后的结果见表 3-7。

表3-7

ID	name	height	weight
102404248	jack	180	80
102404246	hizeba	170	90
102404247	panpan	165	50
102404225	zichang	165	65

2. 搜索出特定的字段

语法如下：

SELECT 字段1，字段2，字段3 FROM 数据表名称;

范例语句如下：

SELECT ID, name, height FROM student;

语句执行的输出结果如下：

```
> SELECT ID,name,height FROM student;
+-----------+---------+--------+
| ID        | name    | height |
+-----------+---------+--------+
| 102404248 | jack    | 180    |
| 102404246 | hizeba  | 170    |
| 102404247 | panpan  | 165    |
| 102404225 | zichang | 165    |
+-----------+---------+--------+
4 rows in set (0.00 sec)
```

执行后的结果见表3-8。

表3-8

ID	name	height
102404248	jack	180
102404246	hizeba	170
102404247	panpan	165
102404225	zichang	165

3. 指定输出字段的顺序

在数据库查询中，不需要按照数据表原本的字段顺序，可以完全按照自己想要的顺序输出字段。方法与搜索特定字段一样，在指定的字段中加上","分隔即可显示多个字段，可参考前面的范例。

4. 合并字段中重复的数据

在查询时，如果出现相同的值，而希望在输出时将重复的数据唯一化，就可以使用 DISTINCT 语法，在搜索时会自动过滤该字段相同的数据。

范例语法如下：

SELECT DISTINCT height FROM student;

语句执行的输出结果如下：

```
> SELECT DISTINCT height FROM student;
+--------+
| height |
+--------+
| 180    |
| 170    |
```

```
| 165     |
+--------+
3 rows in set (0.12 sec)
```

执行后的结果见表 3-9。

表3-9

height
180
170
165

原本数据表中有 4 个学生，身高分别为 180、170、165、165，但通过合并字段值的语法不会重复显示 165。

5. 用别名显示字段的结果

查询输出的字段可以通过新的名称来覆盖原本的字段名，这个新的字段名即为别名。

在查询数据库时，我们可以通过别名显示不同的字段名。另外，使用字段计算的结果所显示的字段名往往不容易理解，通过别名就可以另外定义名称，易于让用户了解字段的意义。

使用别名的方法是在原来的字段后面加上空格，再直接输入别名名称。下面通过计算 BMI（身高除以体重的平方）来介绍，语法如下：

SELECT name, weight/((height/100)(height/100)) FROM student;*

语句执行的输出结果如下：

```
> SELECT name,weight/((height/100)*(height/100)) FROM student;
+---------+----------------------------------+
| name    | weight/((height/100)*(height/100)) |
+---------+----------------------------------+
| jack    |24.691358024691358                |
| hizeba  |31.14186851211073                 |
| panpan  |18.36547291092746                 |
| zichang |23.875114784205696                |
+---------+----------------------------------+
4 rows in set (0.00 sec)
```

执行后的结果见表 3-10。

表3-10

name	weight/((height/100)*(height/100))
jack	24.691358024691358
hizeba	31.1418685121107
panpan	18.36547291092746
zichang	23.875114784205696

由于 SQL 内没有平方运算符，因此通过身高（单位：厘米）相乘来计算。另外，在 SQL 中可以通过算式来显示新的字段，这时别名就成为相当有用的功能了。我们将算式计算结果的字段的别名设为 BMI，语法如下：

SELECT name, weight/((height/100)*(height/100)) BMI FROM student;

语句执行的输出结果如下：

```
> SELECT name,weight/((height/100)*(height/100)) BMI FROM student;
+---------+-------------------+
| name    | BMI               |
+---------+-------------------+
| jack    | 24.691358024691358 |
| hizeba  | 31.14186851211073  |
| panpan  | 18.36547291092746  |
| zichang | 23.875114784205696 |
+---------+-------------------+
4 rows in set (0.00 sec)
```

执行后的结果见表 3-11。

表3-11

name	BMI
jack	24.691358024691358
hizeba	31.1418685121107
panpan	18.36547291092746
zichang	23.875114784205696

当字段名为 BMI 时，就相当浅显易懂了。

3.2.3　安装和使用 RMySQL

3.2.2 节介绍了创建和存取数据库的方法，本节将介绍使用 R 语言存取数据库的应用。要用 R 语言存取 MySQL 数据库，就必须使用 RMySQL 软件包。

要安装 RMySQL 软件包，在 R 命令行输入以下指令：

install.packages("RMySQL")

安装完成后，需先加载 RMySQL 软件包才可以使用它，加载语法如下：

library('RMySQL')

接下来，若要存取数据库，则必须与数据库建立连接，在 RMySQL 软件包中，必须通过 dbConnect 函数来建立连接的对象，之后通过连接的对象对数据库下指令，建立数据库连接的语法如下：

dbConnect (…)

其中的参数及功能见表 3-12。

表3-12

参数	功能
dbname	数据库名称
username	用户
password	密码

（续表）

参数	功能
Host	主机地址
port	数据库端口号

范例指令如下：

con<- dbConnect(MySQL(), dbname = "数据库名称 ", username = "用户名称", password = "密码", host = "IP 地址", port = 端口号)

实际操作界面如下：

```
> con<- dbConnect(MySQL(), dbname = "ExamScore",username = "paul", password =
"123456" ,host = "localhost")
>                         ←────────── 没有错误回报，代表成功
```

3.2.4　使用 R 读取数据库内容

在 R 语言的 RMySQL 软件包中，大部分 query 语句都必须通过 dbGetQuery 函数对数据库下达指令。

要从 R 中读取数据库数据，首先必须建立数据库连接，接着要对数据库进行操作，就必须通过 dbGetQuery 函数，指令介绍如下：

dbGetQuery (conn, ...)

其中参数及功能见表 3-13。

表3-13

参数	功能
conn	通过 MySqlConnection 连接数据库建立的连接

dbGetQuery 的使用方式就是在第一个参数中放入与数据库连接的变量，参考 3.2.2 节，接着填上 MySQL 的语句，参考如下范例。

范例指令如下：

*dbGetQuery(con, " select * from AClass ")*

在 R 语言中，范例指令执行如下：

```
> con<- dbConnect(MySQL(), dbname = "ExamScore",username = "root", password =
"1234qwer" ,host = "localhost")
> dbGetQuery(con, " select * from AClass ")
 id name chinese english math
1  1 小刘  80    100    90
2  2 小美  94    73     91
3  3 小郎  77    69     48
4  4 小彦  99    89     79
```

在数据库中操作时，屏幕显示界面如下：

```
mysql> select * from AClass;
+----+--------+---------+---------+------+
```

```
| id | name  | chinese | english | math |
+----+--------+---------+---------+------+
| 1  | 小刘  |  80     | 100     | 90   |
| 2  | 小美  |  94     | 73      | 91   |
| 3  | 小郎  |  77     | 69      | 48   |
| 4  | 小彦  |  99     | 89      | 79   |
+----+--------+---------+---------+----+
4 rows in set (0.00 sec)
```

3.2.5 使用 R 将内容写入或更新数据库

通过 R 将数据写入或更新数据库的操作其实与读取数据库的语句相似，可以使用 dbGetQuery 或 dbSendQuery[1] 指令来处理，后面的 MySQL 语句由 SELECT 语句改为 INSERT、UPDATE 语句。下面先来介绍 INSERT、UPDATE 语句的用法。

❖ 插入资料——INSERT

当用户要往数据表插入一项数据时，要使用 INSERT INTO 指令。INSERT INTO 指令用法如下：

INSERT INTO <数据表>(字段名, 字段名 ...) VALUES(值, 值 ...)

当用户实际往数据表中写入时，必须注意 INSERT INTO 指令中输入数据的顺序要和数据表的字段一一对齐，如果前面指定的数据表字段与后面的数据内容没有相对应，就会发生错误。另外，字段与值的数据类型要一致，若数据类型不一致，则在写入数据库时会发生错误。例如，该字段数据类型为数值而输入的数据为字符串 "JACK"，此时无法正确写入，从而发生错误。

另外，在 R 语言中，query 语句是字符串（string）类型，若要由多个变量来形成一个完整的 query 语句，可以通过 paste、paste0 函数来组合字符串。在这里要特别注意，若要把字符串填入 query 语句，则必须将字符串通过单引号或双引号引起来，若没有将字符串通过单引号引起来，则会发生错误，在 MySQL 中的错误范例如下：

```
mysql> insert into AClass (name,chinese,english,math) values(小敏,7,44,88);
ERROR 1054 (42S22): Unknown column '小敏' in 'field list'
```

也就是说，如果没有用双引号引起来，数据库就无法辨别数据类型。

而在 R 语言中，query 语句本身就是字符串，在语句内既要将特定的字符串通过 "单引号" 引起来，又要通过双引号引起来，因而会发生语法错误，错误范例如下：

```
> dbGetQuery(con, "insert into AClass(name,chinese,english,math) values (" 小华
",77,44,88)")
  Error: unexpected symbol in "dbGetQuery(con, "insert into AClass(name,chinese, english,math)
values("小华"
```

R 语言检测到字符串结束，但还有字符时，就会产生错误。若没有通过双引号将 "小华" 这个字符串引起来，则会发生上一个数据库无法识别数据类型的错误。

正确填入 query 语句的范例指令如下：

dbGetQuery(con, "insert into AClass(name,chinese,english,math) values(' 小华 ',77,44,88)")

---

[1] dbSendQuery 不会有返回值，通常用于数据库内容的添加与更新。

在 R 语言中，执行范例的操作界面如下：

```
> dbGetQuery(con, " select * from AClass ")
id name chinese english math
1  1 小刘  80   100  90
2  2 小美  94   73   91
3  3 小郎  77   69   48
4  4 小彦  99   89   79
> dbGetQuery(con, "insert into AClass(name,chinese,english,math) values(' 小华 ',77,
44,88)")
data frame with 0 columns and 0 rows
> dbGetQuery(con, " select * from AClass ")
id name chinese english math
1  1 小刘  80   100  90
2  2 小美  94   73   91
3  3 小郎  77   69   48
4  4 小彦  99   89   79
5  5 小华  77   44   88
4 rows in set (0.00 sec)
```

检查确认最后加入的数据，我们会发现数据被加在最后面。

❖ **更新数据——UPDATE**

在 SQL 中进行数据更新时要使用 UPDATE 指令。UPDATE 的语法如下：

UPDATE（数据表）SET（字段值）=（指定值）WHERE（搜索条件）

使用 UPDATE 指令会将数据表中满足 WHERE 搜索条件的行的值更新为 SET 指令中指定字段及其对应的值。如果没有编写 WHERE 指令，就会对数据表中所有行都进行更新。

范例语句如下：

dbGetQuery(con, "update AClass set math=100 where name=' 小美 ' ")

在 R 语言中，范例的操作界面如下：

```
> dbGetQuery(con, "update AClass set math=100 where name=' 小美' ")
data frame with 0 columns and 0 rows
> dbGetQuery(con, " select * from AClass ")
id name chinese english math
1  1 小刘  80   100  90
2  2 小美  94   73   100
3  3 小郎  77   69   48
4  4 小彦  99   89   79
5  5 小华  77   44   88
```

因为只能对已经存在的数据进行更新操作，所以在使用时必须十分小心。

第4章 程序逻辑结构

程序逻辑结构包含函数、判断与循环，是所有程序设计语言必备的结构，可以让程序进行判断或完成重复性的工作与任务。在本章中将介绍如何在 R 语言中灵活运用这些结构。

4.1 函数

在 R 语言中，多数运算操作都是通过函数来执行的。R 本身有许多不同功能的函数，如计算、图表生成、统计、数据库连接等。通常函数都需要输入参数。另外，对于常用或反复使用的功能，也可以自己定义函数，甚至制作成软件包供其他人使用。

4.1.1 使用已经存在的函数

以数学语言来说，函数就是两个集合的对应关系（存在某些限制）。假设函数公式为"将输入的数值加 1"，输入值为 5，通过函数的计算就会输出 6（5+1=6），若输入值为 6，则输出 7，答案以此类推。

R 语言提供了基本的软件包以及需要另外加载的软件包，这些软件包都可以免费获得。为什么软件包分为基本的软件包以及额外的软件包呢？因为 R 语言在世界各个领域有太多应用，保留常用且必要的软件包能让程序执行得更有效率。

在 R 语言中，函数的使用与一般的高级语言并无太大差异，下面先介绍几个简单的函数。

函数的使用方式如下：

```
函数(参数...)
```

也就是要使用的函数在前面，输入的参数在后面，用小括号将参数括住。下面介绍平均数函数（mean）。

```
> mean(0:10)
[1] 5
```

每个函数所需要的参数不尽相同，所以在使用不熟悉的函数时，可以通过 help 函数查询该函数的使用方法。

```
> help(mean)
```

进入帮助界面后，通过上下键来阅读帮助内容，看完后，按 Q 键即可离开帮助界面。在帮助界面中，我们可以看到该函数的用法（Usage）和参数（Arguments）的使用方法等。

偶尔会遇见函数无法执行的情况，以 mean 函数为例，如果输入值中有 NA（缺失值），就会使得函数无法运算而产生错误的结果。此时，有两种解决方式，一种是将输入的数据调整至可以被函数接受的值；另一种是通过函数内参数的应用来解决。例如 mean 的 na.rm 参数，若将 na.rm 设为 TRUE，则 mean 会将输入值中的 NA 忽略并计算。

```
> x <- c(1,2,3,4,5,6,7,8,NA)
> mean(x)
[1] NA
> mean(x,na.rm=TRUE)
[1] 4.5
```

4.1.2　自行定义与使用函数

在 R 中，函数的功能就是转换，能将输入值转换为输出值：

$$输入值 x \xrightarrow{\text{函数} f} 输出值 f(x)$$

定义的方式如下：

```
函数名称 <- function(输入值) {
...
...
...
return(输出值)
}
```

其中，输入值与输出值并不一定需要，例如在 R 中定义如下函数：

```
> fun1 <- function() {
+ print("hello")
+ }
```

函数 fun1 并不需要输入值，只要调用它（输入 "fun1()"），就会执行这个函数而输出 hello：

```
> fun1()
[1] "hello"
```

下面定义一个函数 fun2，当输入 x 与 y 之后，能够累加从 x 到 y 的总和：

```
> fun2 <- function(x,y) {
+ sum<-0
+ for (i in x:y) {
+ sum<-sum+i
+ }
+ return(sum)
+ }
```

当调用 fun2 并给定两个正整数（如输入 "fun2(3,10)"）时，就会执行这个函数（从 3 加到 10）：

```
> fun2(3,10)
[1] 52
```

4.2 判断

判断分为逻辑判断表达式以及条件判断语句，下面介绍这两者的使用方式。

4.2.1 逻辑判断表达式

R 语言中的逻辑判断表达式见表 4-1。

表4-1

名称	表达式符号
大于、大于等于	>、>=
小于、小于等于	<、<=
等于、不等于	==、!=
非	!
与（and）	&&、&
或（or）	‖、|

下面分别介绍每种逻辑判断表达式的用法。

1. 大于、大于等于

```
> x <- 15
> x > 14
[1] TRUE
> x > 15
[1] FALSE
> x >= 15
[1] TRUE
```

2. 小于、小于等于

```
> y <- 12
> y < 11
[1] FALSE
> y < 13
[1] TRUE
> y <= 11
[1] FALSE
> y <= 12
[1] TRUE
```

3. 等于、不等于

```
> x <- 10
> y <- 9
> x == y
[1] FALSE
> x != y
[1] TRUE
```

4. 非

```
> x
[1] 10
> ! x < 11
[1] FALSE
> x < 11
[1] TRUE
> ! TRUE
[1] FALSE
```

5. 与（and）

&&和&的差别在于&&只能判断单个值，而&可以判断多个值。

```
> 1:3 < 2 & 3:1 > 2
[1]  TRUE FALSE FALSE
> 1:3 < 2 && 3:1 > 2
[1] TRUE
```

6. 或（or）

||和|的差别在于||只能判断单个值，而|可以判断多个值。

```
> 1:3 > 2 | 3:1 < 2
[1] FALSE FALSE  TRUE
> 1:3 > 2 || 3:1 < 2
[1] FALSE
```

4.2.2 条件判断语句

条件判断语句是通过判断指定的条件来执行接下来的运算。条件判断语句主要有 if else 和 switch，下面分别介绍这两种条件判断语句的使用方式。

if else 常见的用法分为几种，下面先介绍普通的用法。第一种用法是在 if 后面输入条件表达式并用括号括住，若条件成立（TRUE），则执行第一组指定操作；若条件不成立（FALSE），则执行第二组指定操作。

```
> x <- 10
> if( x < 15 ){
+ x <- x +10      ←————  第一组指定操作
+ }else{
+ x <- x -10      ←————  第二组指定操作
+ }
> x
[1] 20
```

if else 的第二种用法为单行用法，单行的 if else 语句不必用大括号将指定操作括起来，范例如下：

```
> x <- 10
> if(x < 5) y <- 1 else y <- 10
> y
[1] 10
```

if else 的特殊用法就是函数用法，函数名称为 ifelse。下面介绍条件判断函数——ifelse。

语法：ifelse(test, yes, no)

其中的自变量及功能见表 4-2。

表4-2

自变量	功能
test	逻辑判断表达式
yes	正确返回值
no	错误返回值

下面列举两个随机排列的范例：

```
> ifelse(3 < 10,'Yes','No')
[1] "Yes"
> x <- c(1,2,-4,2,8,-4,-6,-3,6,-8,5,4)
> ifelse(x < 0,x,NA)
[1] NA NA -4 NA NA -4 -6 -3 NA -8 NA NA
```

4.3 循环

在 R 语言中，常用的循环包括 for、while 以及 repeat，这三者的用法稍有不同。另外，在循环中也有关于循环的控制语句（break、next），下面将分别介绍这些语句的使用方式。

4.3.1 for 循环

在 for 循环控制结构中，基本的语法为：

for(循环变量 in 向量或列表){ 循环体内的语句 }

其中，循环变量是循环的一个专用变量，通过循环体的循环运行来改变值，i 常被用来当作循环变量，当然也可以使用 o、e 等其他变量名称。当循环结束时，循环变量不会继续存在 R 环境中。

循环体内的语句可以从简单至繁杂，根据循环体的需求来编写，可以是简单的函数、四则运算、复杂的程序语句。

刚开始编写循环时必须注意，在循环体内如果要用新变量，必须先定义变量，通常变量最好在循环体外定义，定义在循环体内可能会影响运行效率。下面通过范例来介绍 for 循环的用法。

用一个简单的实例来介绍 R 循环的"庐山真面目"。在 R 中，可以用 x:y 来产生 x 至 y 的数值向量，并运用在循环中，循环体的循环变量会运用向量内的每个值参与循环。下面将循环变量通过 print 函数显示出来。

```
> 1:10
[1]  1  2  3  4  5  6  7  8  9 10
> for(i in 1:10){print(i)}
[1] 1
[1] 2
```

```
[1] 3
[1] 4
[1] 5
[1] 6
[1] 7
[1] 8
[1] 9
[1] 10
```

for 循环采用向量循环的用法只是其中一种方法，也可以将向量变量作为循环因子。当然，这种做法也可以让循环变得非规则性，所谓非规则性，就是不只是让数值从 1~10。下面的范例为定义向量，并通过循环显示出来：

```
> x <- c(2,4,6,8,10)
> for(i in x){print(i)}
[1] 2
[1] 4
[1] 6
[1] 8
[1] 10
```

接着通过 sample 随机数函数来产生不规则的向量，并且作为循环因子：

```
> x <- sample(45:50)
> for(i in x){print(i)}
[1] 50
[1] 47
[1] 46
[1] 49
[1] 45
[1] 48
```

以上范例都是介绍 for 循环中循环因子的变化，下面开始介绍循环体内的语句。以下范例中这个循环的功能是：可以将 x 变量进行 10 次计算，再通过 i 的相加计算出 1+2+3+...+10 这个数列的总和（55）。

```
> x <- 0
> for(i in 1:10){x <- x + i
+ print(x)}
[1] 1
[1] 3
[1] 6
[1] 10
[1] 15
[1] 21
[1] 28
[1] 36
[1] 45
[1] 55
```

对上述循环进行一点变化，加入逻辑判断，例如对 x 从 1 加到 10 做出一个判断：当 i 值为 7

时，跳出循环，不再进行任何计算。

```
> x <- 0
> for(i in 1:10){
+ if(i == 7){break}
+ x <- x + i
+ print(x)}
[1] 1
[1] 3
[1] 6
[1] 10
[1] 15
[1] 21
```

对于初学程序语法的读者而言，可以从简单的循环开始，试着修改循环来不断熟悉。例如，计算随机数向量的移动平均值。

```
> sample(1:10) -> x
> x
[1] 8 10  9  7  2  3  5  1  4  6
> for(i in 1:length(x)){
+ if(i != 1) x[i] <- (x[i] + x[i-1])/i
+ }
> x
[1] 8.0000000 9.0000000 6.0000000 3.2500000 1.0500000 0.6750000 0.8107143
[8] 0.2263393 0.4695933 0.6469593
```

通过 for 循环拆解矩阵，首先产生有两行的矩阵，通过 for 循环获取 row 的数量，再通过第二个循环获取 col 的数量，最后按照坐标显示矩阵内每个元素。

```
> x <- matrix(1:10, 2, 5)
> x
     [,1] [,2] [,3] [,4] [,5]
[1,]    1    3    5    7    9
[2,]    2    4    6    8   10
> for(y in seq_len(nrow(x))) {
+     for(z in seq_len(ncol(x))) {
+     print(x[y, z])
+     }
+ }
[1] 1
[1] 3
[1] 5
[1] 7
[1] 9
[1] 2
[1] 4
[1] 6
[1] 8
[1] 10
```

在 R 中，数据可以直接存为数组来进行运算，这时循环就显得有些多余。例如，将两个向量相加就不需要使用循环，用下面两种做法来说明：

做法一：

```
> x <- 1:5
> y <- 5:1
> z <- 0
> for(i in 1:length(x)){
+ z[i] <- x[i] + y[i]}
> z
[1] 6 6 6 6 6
```

做法二：直接通过 R 向量化特性进行运算

```
> x <- 1:5
> y <- 5:1
> z <- 0
> z <- x + y
> z
[1] 6 6 6 6 6
```

以上两种做法的目的都是将 1:5 和 5:1 的向量相加，但是两种方式对于系统性能来说，数据量较小的时候并没有差别，但是在数据量庞大的时候会造成性能的明显差异。原因是 R 语言具有向量性数据的优势，进行向量计算时，使用 FOR 循环是不符合系统性能优化的方式。

4.3.2 while 循环

while 循环在 R 语言中是除了 for 之外的另一种主要循环，基本原理很简单，就是制定一个判断原则（逻辑判断表达式），遵循这个原则来控制循环。while 循环和 for 循环的差异在于：while 通过逻辑判断控制循环，for 则是设定一个有限的变量或向量对象来控制循环。

在 while 循环控制结构中，基本的语法为：

while (逻辑判断表达式){ 循环体内的语句}

下面编写一个简单的循环来了解 while 循环的架构。

```
> x <- 0
> while(x <= 7) {
+ print(x)
+ x <- x + 1
+ }
[1] 0
[1] 1
[1] 2
[1] 3
[1] 4
[1] 5
[1] 6
[1] 7
```

while 的特性是容易阅读，从上面的范例可以看到，当 x 的值超过 7 时，就会跳出循环，之后不再进行任何计算。在使用 while 循环时，必须小心地编写循环的逻辑判断表达式，若编写有误，则可能会形成无限循环。

无限循环就是逻辑判断表达式结果永远为 1（系统识别为 TRUE），此时循环无法停止，范例如下：

```
> x <- 0
> while(1) {
+ print(x)
+ x <- x + 1
+ }
[1] 0
[1] 1
[1] 2
[1] 3
[1] 4
[1] 5
[1] 6
[1] 7
[1] 8
[1] 9
[1] 10
[1] 11
[1] 12
[1] 13
[1] 14
[1] 15
......
......
```

了解了 while 控制循环的概念后，就可以编写循环体了。只要符合逻辑判断表达式，就会一直重复执行循环体内的语句，直到逻辑判断表达式不符合为止。while 循环的范例如下：

```
> x <- 1
> y <- 0
> while (x <= 10) {
+    y <- x + y
+    x <- x++
+ }
[1] 55
```

在 while 循环中，不仅可以通过 while 逻辑判断表达式来控制循环，也可以通过 break 和 next 两条语句来强制改变 while 循环的进程。下面的范例介绍 while 搭配 next 语句的用法。

```
> x<-0
> while(x <10) {
+ x <- x +1
+ if(x == 5){
+ print('next')
+ next}
```

```
+ print(x)
+ }
[1] 1
[1] 2
[1] 3
[1] 4
[1] "next"
[1] 6
[1] 7
[1] 8
[1] 9
[1] 10
```

从上述范例的结果可以看到，当 x 值为 5 时，while 循环体内的逻辑判断语句成立，于是显示 next 字符串并跳至下一轮循环，因此并没有显示出数字 5 来。

4.3.3　repeat 循环

repeat 循环与 while 循环相似，简单来说，repeat 与 while 的差别在于：while 有逻辑判断表达式控制着循环，而 repeat 没有。简单来说，repeat 循环每次都是从无限循环开始，循环的判断、跳出循环、跳至下一轮循环都要编程者额外编写。

下面介绍最基本的 repeat 无限循环，语句如下：

```
> x <- 1
> repeat(print(x))
[1] 1
[1] 1
[1] 1
[1] 1
[1] 1
[1] 1
[1] 1
[1] 1
[1] 1
[1] 1
[1] 1
[1] 1
.....      ←————————————   如果中断，请按下 Ctrl+C
.....
```

很显然，repeat 只是在重复运行指定的语句。加上某些特定的逻辑判断后，语法如下：

```
> x <- 1
> y <- 0
> repeat {
+ if (x > 50) break
+ y <- x + y
+ x <- x + 1
+ }
```

```
> x
[1] 51
> y
[1] 1275
```

该循环是计算 y 变量从 1 加到 50，在 x 为 51 时，跳出循环。

4.3.4 break 跳出循环

break 语句可以用于 for、while、repeat 三个循环中，功能为跳出循环，使用的时机要根据程序的实际需求来定。

break 与 next 的不同在于，break 会直接跳出循环，不再执行循环内的下一轮循环，而 next 则是跳离当前这一轮循环，并且直接开始执行下一轮循环。范例语句如下：

```
> sample(1:10) -> x
> for(i in x){
+ if(i == 6){
+ print('bingo')
+ break}
+ print(i)}
[1] 1
[1] 4
[1] 8
[1] 10
[1] "bingo"
> x
[1] 1 4 8 10 6 3 5 7 2 9
```

上述范例可以通过 sample 产生随机数向量，当 x 向量中的值为 6 时，显示字符串"bingo"，并跳出循环。

4.3.5 next 跳过此次循环

next 语句可以用于 for、while、repeat 三种循环中，功能为跳出当前这一轮循环，使用的时机要根据程序的实际需求来定。

next 与 break 的不同在于，next 是跳出当前这一轮循环，并且开始执行下一轮循环，而 break 则是直接跳出当前循环，不再执行循环内的下一轮循环。

关于 next 的用法，下面看一个简单的范例：

```
> sample(1:15) -> x
> x
[1] 12 11 15  7 10  8  5  4 13  2  9  3 14  1  6
```

```
> for(i in x){
+ if(i > 10){
+ print('the number > 10')
+ next}
```

```
+ print(i)}
[1] "the number > 10"
[1] "the number > 10"
[1] "the number > 10"
[1] 7
[1] 10
[1] 8
[1] 5
[1] 4
[1] "the number > 10"
[1] 2
[1] 9
[1] 3
[1] "the number > 10"
[1] 1
[1] 6
```

上面的程序不显示超过 10 以上的数值，并且显示"the number > 10"。

4.4　创建自己的 R 语言程序

在本节中将介绍创建自己的 R 语言程序，有两种创建方式：一种是通过将编写好的 R Script 通过 Source 导入 R 语言系统中，创建自己的 R 操作环境；另一种则是编写好 R Script，通过外部环境的指令执行它。下面分别介绍这两种方式。

R Script 只是纯粹的文本文件，在文件内部所使用的语法与在 R 语言环境中使用的语法相同。

4.4.1　Source 与 R Script

本节先介绍 R Source。R Source 可以建立一套专属于自己的环境，也可以导入自己的 R Function，不仅能在 R 图形界面中使用，也能应用于 R Script 中。

下面介绍 R Source 的用途。

可以将要加载的模块、环境设置写入 R 文件中，简单的配置文件如下：

文件名：Sample_Source.R

配置文件用于加载软件包、设置 R 环境变量、设置工作目录：

```
library('RMySQL')
library('quantmod')
options(width=70)
options(digits=4)
setwd('/home/jack')
```

完成配置文件后，进入 R 中就可以用 Source 导入这个文件了。

```
> source('Sample_Source.R')
Loading required package: DBI
Loading required package: xts
Loading required package: zoo
```

```
Loading required package: TTR
Version 0.4-0 included new data defaults. See ?getSymbols.
>
```

这是一个简单的设置范例，如果想要加载自己编写的函数，就需要自定义函数，在 R 中自定义函数的写法如下：

function_name <- function(arg, arg, ...){ 函数内容 }

自定义函数的应用范围相当广，下面举一个简单的范例。

文件名：move_avg.R

```
move_avg <- function(x){
for(i in 1:length(x)){
if(i != 1) x[i] <- (x[i] + x[i-1])/i
}
return(x)
}
```

加载并执行，具体过程如下：

```
> source('move_avg.R')
> sample(1:20) -> y
> y
[1]  6 11  5 13  2 15  8  4  9  7 20 18  3 12 10 16  1 19 14 17
> move_avg(y) -> z
> z
[1] 6.0000000 8.5000000 4.5000000 4.3750000 1.2750000 2.7125000 1.5303571
[8] 0.6912946 1.0768105 0.8076811 1.8916074 1.6576339 0.3582795 0.8827343
[15] 0.7255156 1.0453447 0.1203144 1.0622397 0.7927495 0.8896375
```

4.4.2 在外部执行 R Script

如果要在命令行中直接运行编写好的 R 语言程序，该如何做呢？R 语言本身是解释型的高级语言，因此写好的程序代码需要通过"R"来执行翻译的操作。在命令行上，R 语言提供了一个程序"Rscript"来帮助翻译编写好的程序（如 Prog.R），执行方式如下：

Rscript Prog.R 参数 1 参数 2 …

在 Linux 中，由于安装时已经将执行文件放入执行路径中，因此直接执行上述语句即可，但在 Windows 中，由于并没有将路径加入，因此可参考下面的介绍。

❖ 在 Windows 中设置 Rscript 的路径

如果要在 Windows 中设置路径，可使用"set"指令来设置"PATH"环境变量。

首先启动"命令提示符"程序或 PowerShell，再执行"echo %PATH%"来查看当前环境变量"PATH"：

```
C:\Users\Jos>echo %PATH%
```

```
C:\Windows\system32;C:\Windows;C:\Windows\System32\WindowsPowerShell\v1.0\
```

接着我们可以打开文件资源管理器确认 Rscript 所在的路径（通常这个路径下会有 R 与 Rscript 两个执行文件），如图 4-1 所示。

图 4-1

执行以下命令即可将 Rscript 指令加入路径变量中：

set PATH=%PATH%;"C:\Program Files\R\R-3.4.3\bin"

 设置环境变量时不加 "%"，使用环境变量时需在前后加上 "%"，所以等号的左边使用 "PATH"，右边使用 "%PATH%"。

 其中，"R-3.4.3" 的 3.4.3 表示版本编号，可能因为版本不同而显示不同的版本编号。

这样的设置方式只有在设置的当前时段有效，意思是如果重新启动系统或者重新启动一个新的 "命令提示符" 程序，就必须重新设置一次才能使用。变成系统默认的环境变量的步骤如下：

打开 "控制面板"，进入 "系统和安全" 中的 "系统"，如图 4-2 所示。

图 4-2

单击"高级系统设置"会出现"系统属性",接着单击下方的"环境变量"按钮,弹出"环境变量"窗口。在"环境变量"窗口下方的系统变量中找到"Path"并单击"编辑"按钮,在"编辑环境变量"窗口中查看是否已经有设置好的 R 语言运行环境,如果没有,就单击"新建"按钮在最下面添加一个,如图 4-3~图 4-5 所示。

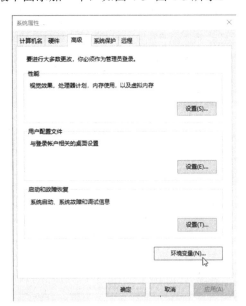

图 4-3

图 4-4

图 4-5

依次在各个窗口中单击"确定"按钮后,下次开机就会自动生效。

❖ 执行 Rscript 的范例

这里提供一个简单的例子,就是通过 R Script 把指定文件内的数据整理后按序列出。

资料文件名：XXX6，格式如下：

```
XXX6,08:45:00.17,7759,1
XXX6,08:45:00.18,7759,1
XXX6,08:45:00.23,7760,5
XXX6,08:45:00.24,7760,1
XXX6,08:45:00.25,7760,1
XXX6,08:45:00.27,7759,5
XXX6,08:45:00.27,7760,9
XXX6,08:45:00.27,7759,4
XXX6,08:45:00.28,7759,3
XXX6,08:45:00.29,7758,5
XXX6,08:45:00.29,7763,1
XXX6,08:45:00.33,7764,1
XXX6,08:45:00.34,7761,1
```

程序文件名：Read_Push.R

```
data<-read.csv('XXX6',header = F)
name <- data[,1]
time <- data[,2]
price <-data[,3]
volume <-data[,4]
for(i in 1:nrow(data)){

data1<-paste0("Commodity: " ,name[i]," Volume: ",volume[i]  )
print(data1) Sys.sleep(1)
}
Time: ",time[i] ,"
Price: ",price[i] ,"
```

执行时的屏幕显示界面如下：

```
# Rscript Read_Push.R
[1] "Commodity: XXX6    Time: 08:45:00.15  Price: 7759    Volume: 1"
[1] "Commodity: XXX6    Time: 08:45:00.16  Price: 7757    Volume: 1"
[1] "Commodity: XXX6    Time: 08:45:00.16  Price: 7759    Volume: 5"
[1] "Commodity: XXX6    Time: 08:45:00.17  Price: 7759    Volume: 1"
[1] "Commodity: XXX6    Time: 08:45:00.18  Price: 7759    Volume: 1"
[1] "Commodity: XXX6    Time: 08:45:00.23  Price: 7760    Volume: 5"
[1] "Commodity: XXX6    Time: 08:45:00.24  Price: 7760    Volume: 1"
[1] "Commodity: XXX6    Time: 08:45:00.25  Price: 7760    Volume: 1"
[1] "Commodity: XXX6    Time: 08:45:00.27  Price: 7759    Volume: 5"
[1] "Commodity: XXX6    Time: 08:45:00.27  Price: 7760    Volume: 9"
[1] "Commodity: XXX6    Time: 08:45:00.27  Price: 7759    Volume: 4"
...
```

❖ Rscript 的参数设置

如果要在 Rscript 中传入变量，可采用命令参数的用法，将参数转换为变量来使用。这时需使用 commandArgs 函数将参数存为向量，再将向量值取出使用。

举一个从 1 加到 100 的范例如下：

程序文件名：sum1.R（文件存放的位置为 D:\）

```
sum<-0
for (i in 1:100) {  sum<-sum+i
}
print(sum)
```

使用 Rscript 执行后的结果如下：

```
C:\Users\Jos>Rscript D:\sum1.R
[1] 5050
```

如果不是固定的数值 100，而是让用户可以输入的 N，程序会自动算出 1+2+…+N，该如何做呢？

我们可以使用参数的方式将程序改写如下，用户输入的第一个参数为 args[1] 并指定为 N，即可算出总和并列出结果。

程序文件名：sum2.R（文件存放的位置为 D:\）

```
args<-commandArgs(trailingOnly=TRUE)  sum<-0
N<-args[1]
for (i in 1:N) {  sum<-sum+i
}
print(sum)
```

使用 Rscript 执行后的结果如下：

```
C:\Users\Jos>Rscript D:\sum2.R 100
[1] 5050

C:\Users\Jos>Rscript D:\sum2.R 10
[1] 55
```

最后的参数就是 N 的值，所以第一个输出为 5050 代表从 1 加到 100 的总和，第一个输出为 55 代表从 1 加到 10 的总和。

第 5 章　图形的绘制

在 R 语言中可以进行数据统计与数值运算，产生的结果如果只用纯文字显示，看起来就会非常乏味且没有吸引力，这时就可以使用图形绘制的功能。最常被使用的直方图、折线图、饼图等都可以用来表达很多类型的统计数据，例如公司每月盈余表、比例图、绩效表等，这些图表比起纯文本更加直观、更有说服力。

5.1　系统环境

❖ Linux XServer 与 XClient

在 Linux 的 R 语言运行环境中，显示图形的方式是通过 X Window System（简称为 X11）。在 X Window System 中，分为 X Server 和 X Client 两部分，简单来说，每一台 Linux 上都有一个 X Server 在后台运行，而用户所使用的应用程序中包含 X Client，用户使用应用程序并需要图形显示时，X Client 就会将 X Server 的图形映射到客户端。

❖ 在 Windows 上安装 XServer（Xming）

如果在 Linux 桌面版上的终端（Terminal）程序中直接用 R 语言来绘制图形，X Client 和 X Server 就可以实现。但是，如果在 Windows 上执行远程 Linux 的 R 语言来绘制图形，可以在 Windows 客户端显示吗？答案是无法直接实现。因为在 Windows 上并没有 X Client 调用远程的 X Server，无法直接取得图形，所以必须在 Windows 上安装 X Window System。

在网络上提供了用于 Windows 操作系统的 X Window System 应用程序 Xming，Xming 主要用于实现 X Window System 跨平台显示图形的功能。Xming 的安装与设置过程可参考 1.3.3 节。

5.2　图形函数

本节介绍基本的图形参数设置以及图形基本函数。在 Windows、Linux、Mac 操作系统上，分别可以通过函数 windows()、X11()、quartz()检验当前系统的环境是否支持 R 语言绘图。

5.2.1　par 函数

par 是用来查看以及修改图形参数的函数，par 函数可以设置永久的图形参数。什么是图形参数呢？图形参数就是图形函数所采用的值，图形函数在执行后会读取 par 函数内的值，也就是图形参数的默认值。举例来说，在 plot 折线图中，R 的 par 中的 mkrow 值默认为向量(1.1)，代表在输出时只会有一张图绘制在窗口中，如果设为(1.2)，就代表会有两张图绘制在一个窗口中。

前文提到，par 函数可以设置永久的图形参数，永久的参数设置代表当用户调整过 par 函数中的参数时，就可以保留永久的图形参数，如果只是想进行暂时的调整，就会相当不方便，这时可以通过保存原来的图形参数设置来确保暂时调整过后可以恢复系统原来的默认值。

下面介绍 par 函数。

语法：par(...)

其中自变量及功能见表 5-1。

表5-1

自变量	功能
ask	默认为 TRUE，在绘制新图前提示
fig	设置图形在输出设备中的位置
fin	设置所绘制图形的高和宽
lheight	设置行高
mai	设置图形空白边界（英寸），值为 c(bottom, left, top, right)
mar	设置图形空白边界（行数），值为 c(bottom, left, top, right)
mex	设置图形空白边界，值为整数
mfcol	设置子图的数量以及位置（按列排序），值为数值向量，例如 c(x,y)
mfrow	设置子图的数量以及位置（按行排序），值为数值向量，例如 c(x,y)
mfg	设置子图，值为数值向量
new	默认为 TRUE，高级绘图函数会继续在基本绘图上绘制
oma	设置图形的外边界大小，值为 c(bottom,left,top,right)
omd	设置图形外部边界占图形边界的比例，值为 c(x1,x2,y1,y2)
omi	设置图形的外边界大小，单位为英寸，值为 c(bottom,left,top,right)
pin	设置图形的长宽，值为 c(width,height)
plt	设置当前绘图区，值为 c(x1,x2,y1,y2)
ps	设置内容的字号，默认为 12
pty	当前绘图区的形状，默认为 m（最大绘图区域），可设置为 s（正方形区域）
usr	设置绘图区的坐标范围，值为 c(x1,x2,y1,y2)，意思为 x 轴坐标范围在 x1~x2 之间，y 轴坐标范围在 y1~y2 之间
xlog	默认为 TRUE，x 坐标取对数
ylog	默认为 TRUE，y 坐标取对数

下面通过简单的范例来介绍 par 函数的用法。

首先将 par 的原始设置用变量存储起来，绘制出图形并将图形设置为蓝色，语句如下：

```
> nowpar <- par()
> par(col='blue')
> x <- 6:1
> y <- 6:1
> plot(x,y,type="l")
```

执行结果如图 5-1 所示。

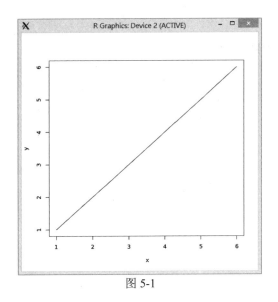

图 5-1

在同一个窗口中绘制出两张线图，分别为不同的类型，语句如下：

```
> nowpar <- par()
> par(col='blue',mfrow=c(1,2))
> type <- c("l","s")
> x <- 6:1
> y <- 6:1
> plot(x,y,type=type[1])
> plot(x,y,type=type[2])
```

执行结果如图 5-2 所示。

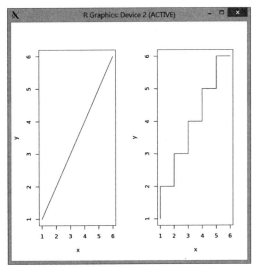

图 5-2

另外，由于刚才的操作调整过 par 图形参数，以至于往后的绘图都会按照调整后的参数值进行绘图。如果想要恢复原始设置，就将原先存储好的 par 值重新设置回去，语句如下：

```
> par(nowpar)
```

5.2.2　Line Chart（线图）

在 R 中，绘制线图的函数为 plot，plot 函数输入值为 x、y，也就是 x 轴和 y 轴的坐标值。下面介绍 plot 函数。

语法：plot(x,y,...)

其中的自变量及功能见表 5-2。

表5-2

自变量	功能
x	x 轴坐标值
y	y 轴坐标值
type	绘图类型
main	图形标题

plot 函数分为 7 种类型，见表 5-3。

表5-3

类型	说明
p	point，点图
l	line，线图
b	不加修饰的点线图
h	深度图
c	b 类型点线图中只绘制线的部分
s（S）	stair step，阶梯图，s 大小写分别为下阶梯和上阶梯
n	不绘制图形

下面的范例用循环示范调用 plot 绘制各种类型的图形，语句如下：

```
> x <- c(1:5)
> y <- c(5:1)
> par(col="blue",mfrow=c(2,4))
> plot_type = c("p","l","o","b","c","s","S","h")
> for(i in 1:length(plot_type)){
> header = paste("this type :",plot_type[i])
> plot(x, y, type=plot_type[i], main=header)
> }
```

执行结果如图 5-3 所示。

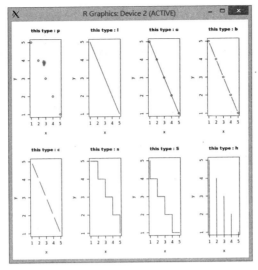

图 5-3

下面的范例示范 plot 绘制累计数值的折线图，语句如下：

```
> par(mfrow=c(1,1),col='blue')
> sample(1:30) -> x
> x
 [1]  2 28 17 14 27 22  5  6 24 16 26 15 29 20 21 18 10 25 12 23 30 11  3  1 13
[26]  8 19  9  7  4
> cumsum(x)
 [1]   2  30  47  61  88 110 115 121 145 161 187 202 231 251 272 290 300 325 337
[20] 360 390 401 404 405 418 426 445 454 461 465
> plot(cumsum(x),type='l')
```

执行结果如图 5-4 所示。

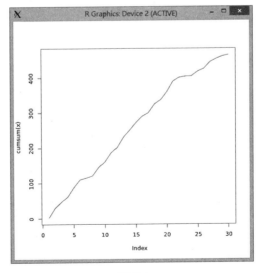

图 5-4

5.2.3 Dot Plot（点图）

点图的意思是指定 x、y 值，表示点的位置，绘制点图时通过 dotchart 函数绘制。下面先介绍 docchart 函数。

语法：dotchart(x,y,...)

其中的自变量及功能见表 5-4。

表5-4

自变量	功能
x	可以是数值向量，也可以是数值矩阵，可以满足 is.numeric(x) 而不能满足 is.vector(x)
labels	每一个点的标签向量
groups	可选的，表示如何分组，如果 x 为矩阵，就按 x 的行进行分组
gdata	分组的矩阵与向量
pch	绘图点所使用的符号
gpch	分组绘图点所使用的符号
bg	要使用的符号
color	用于绘图点的颜色
gcolor	用于分组绘图点的颜色
lcolor	用于水平线的颜色
main	图形的标题
xlab	图形中的 x 轴标注
ylab	图形中的 y 轴标注

下面是 dotchart 函数用法的范例：

```
> x <- 1:6
> dotchart(x,label=x,pch=2,color='red')
```

参数的内容：labels 为 1~6，pch 为 2（三角形），color 为红色，如图 5-5 所示。

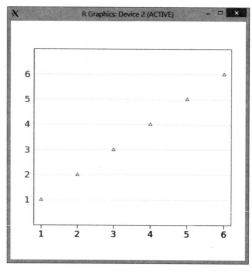

图 5-5

pch 为绘图点的显示符号（取值范围为从 0~25），如图 5-6 所示。

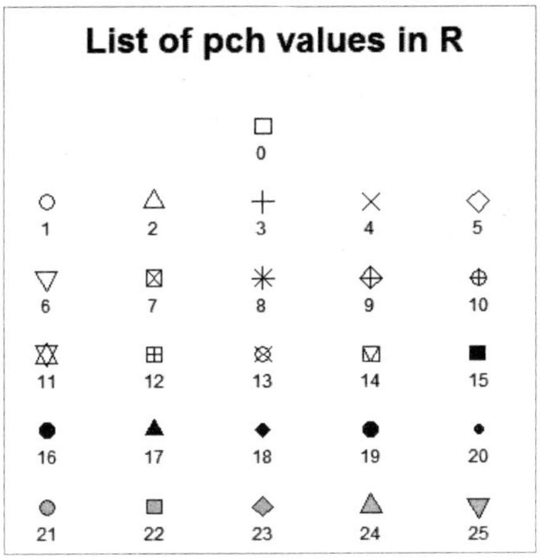

图 5-6

5.2.4 Bar Plot（条形图）

条形图是通过图形高度或长度来代表数据量的一种统计图形，其中每个条形图之间必须有间隔并且不相连，条形图是通过调用 barplot 函数来绘制的，barplot 函数是使用一个向量或矩阵值来进行绘制的。

下面介绍 barplot 函数。

语法：barplot(height...)

其中的自变量及功能见表 5-5。

表5-5

自变量	功能
height	一个向量或矩阵值，指定条形图的长度
wigth	指定条形图的宽度
space	每个条形图的间隔
names.arg	一个名称标签，值为向量，绘制在每个条形图下方
beside	默认为 FALSE，条形图将会被堆叠，如果为 TRUE，就会并列绘制条形图
horizon	默认为 FALSE，图形将会被绘制为垂直类型，若为 TRUE，则会被绘制成水平类型
density	阴影线的密度，值为向量，默认为 NULL，表示没有阴影线
angle	用于倾斜阴影线，以角度为值（逆时针）
col	条形图的颜色
border	指定边界的颜色
main	图形标题，主标题
sub	图形标题，子标题
xlab	x 轴的标注
ylab	y 轴的标注
xlim	x 轴的限制
ylim	y 轴的限制

下面通过简单的范例来示范条形图。

```
> matrix(sample(1:10),nrow = 2, ncol = 5) -> x
> x
     [,1] [,2] [,3] [,4] [,5]
[1,] 9    6    7    10   1
[2,] 8    3    4    2    5
> barplot(x ,col=c('1','2'))
```

执行结果如图 5-7 所示。

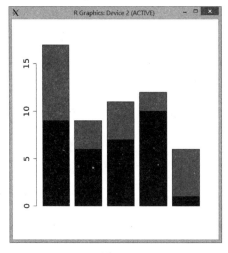

图 5-7

显示完成后，发现缺少标注，可以通过参数 names.arg、main、sub 来进行说明，语句如下：

```
> x
     [,1] [,2] [,3] [,4] [,5]
[1,] 9    6    7    10   1
[2,] 8    3    4    2    5
> barplot(x ,col=c('1','2'),names.arg=c('L1','L2','L3','L4','L5'),mai n='sample')
```

执行结果如图 5-8 所示。

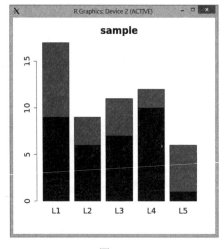

图 5-8

如果不想通过堆叠的方式显示条形图，那么可以用 beside 参数调整为并排显示，语句如下：

```
> x
    [,1] [,2] [,3] [,4] [,5]
[1,] 9    6    7    10   1
[2,] 8    3    4    2    5
> barplot(x ,col=c('1','2'),beside=TRUE,names.arg=c('L1','L2','L3',
'L4','L5'),main='sample')
```

执行结果如图 5-9 所示。

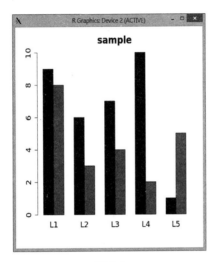

图 5-9

5.2.5　histogram（直方图）

以直方图的高度代表数据量的统计图形又称为直方图，其中各个直方图相邻却并不相连。在 R 中必须通过 hist 函数计算向量并产生直方图。

下面介绍 hist 函数。

语法：hist(x...)

其中的自变量及功能见表 5-6。

表5-6

自变量	功能
x	直方图所需的值向量
breaks	向量值之间的断点
freq	逻辑值，显示每个区间内的频数。TRUE 代表频数，FALSE 代表频率
probability	逻辑值，和 freq 参数的作用正好相反，TRUE 代表频率，FALSE 代表频数
right	默认为 TRUE，开放左边区间；若为 FALSE，则开放右边区间
density	阴影线的密度
angle	阴影线的斜率
col	直方图的颜色
border	边界的颜色
main	主标题

（续表）

自变量	功能
xlab	x 轴的标注
ylab	y 轴的标注
xlim	x 轴的限制
ylim	y 轴的限制
axes	默认为 TRUE，绘制轴线
labels	逻辑值或字符符号，若为 FALSE，则显示直示图

下面是 hist 函数的简单范例，语句如下：

```
> x <- c(1,2,7,2,3,8,12,3,4,8,1,2,3,15,7,14,9,11,2,3)
> hist(x,main="sample",col="blue")
```

执行结果如图 5-10 所示。

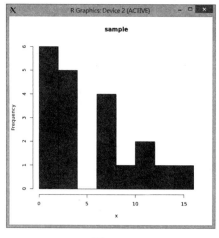

图 5-10

5.2.6 Pie Chart（饼图）

饼图是通过圆形的比例来显示各个值所占的比重。在 R 中，通过调用 pie 函数和 pie3D 函数来绘制饼图。在实际应用中，各个领域都经常用到饼图，例如企业年度的盈余比例，pie 就是相当好用的函数。

下面介绍 pie 函数。

语法：pie(x...)

其中的自变量及功能见表 5-7。

表5-7

自变量	功能
x	值向量
labels	标签向量
col	饼图的颜色，向量
edges	默认为 FALSE，若为 TRUE，则显示为多边形图形
radius	将图形集中在一个方格中显示，两侧间隔为-11

（续表）

自变量	功能
clockwise	默认为 FALSE，逆时针显示值；若为 TRUE，则顺时针显示
density	阴影线密度，用向量表示
angle	阴影线角度，用向量表示
main	主标题

下面通过几个简单范例来示范 pie 的用法，语句如下：

```
> y <- 1:5
> pie(y,main='sample')
```

执行结果如图 5-11 所示。

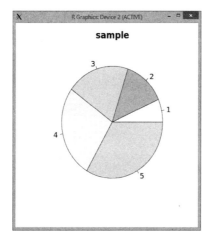

图 5-11

通过 label 参数将值贴上标签，并通过 rainbow 函数指定彩虹的颜色，语句如下：

```
> pie(y,labels=c('P1','P2','P3','P4','P5'),col=rainbow(length(y)),ma in='sample')
```

执行结果如图 5-12 所示。

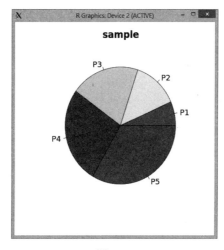

图 5-12

pie3D 函数的参数与 pie 函数的参数的用法大致相同，但是 pie3D 函数必须依赖 plotrix 软件包，此软件包的安装过程如下。安装完成后，直接将上述 pie 函数的参数用于 pie3D 即可绘制 3D 饼图，语句如下：

```
> install.packages('plotrix')
....
> library('plotrix')
> pie3D(y,labels=c('P1','P2','P3','P4','P5'),col=rainbow(length(y)), main='sample')
```

执行结果如图 5-13 所示。

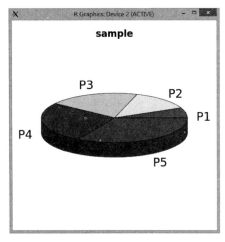

图 5-13

5.2.7 Density Plot（密度图）

密度图用来表现整个向量内值的分布。在 R 中，通过调用 plot(density(x))函数来绘制，也就是对象通过 density 函数对数值进行计算后再用 plot 绘制图形。density 函数是用来计算内核密度估计的函数。

plot 函数的用法可参考 5.2.2 小节。下面介绍 density 函数。

语法：density(x...)

其中的自变量及功能见表 5-8。

表5-8

自变量	功能
x	数值
bw	全名为 bandwidth，使用平滑宽带
adjust	使用的宽带实际上为 adjust*bw，指定特定宽带值
kernel, window	使用平滑的内核需输入对应的字符串，可能是 "gaussian" "rectangular" "triangular" 等
width	数字向量
n	等距点的数量
from,to	密度估计的起始和结束，默认为 cut*bwrange(x)
cut	默认为 from，to 是 cut 的极端宽带

下面是 density 和 plot 函数搭配用法的范例：

```
> x
[1]  1  2  7  2  3  8 12  3  4  8  1  2  3 15  7 14  9 11  2  3
> plot(density(x),col="red")
```

执行结果如图 5-14 所示。

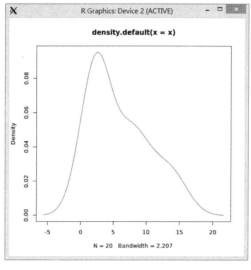

图 5-14

使用 plot(density(x)) 函数后，会发现 plot 函数中的 col 参数只会将密度图的线染成红色，如果想大面积染色，就必须通过其他高级绘图函数（polygon）来绘制，语句如下：

```
> polygon(density(x),col="red")
```

执行结果如图 5-15 所示。

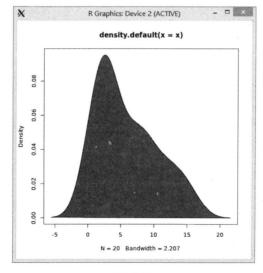

图 5-15

5.2.8　Box Plot（箱线图、盒须图）

箱线图也称为盒须图、盒式图等，是用于显示分散情况数据的统计图，箱线图用来显示数据的最大值、上四分位数、中位数、下四分位数和最小值，常用于事务或品质管理。在 R 中，箱线图通过调用 boxplot 函数来进行绘制。

下面介绍 Box Plot 函数。

语法：boxplot(x...)

其中的自变量及功能见表 5-9。

表5-9

自变量	功能
formula	公式，例如 x~y 就是将 x 到 y 数组取出绘制
data	读取的数据集
subset	指定条件选取要估计的向量
na.action	函数，表示当遇到 NA 时，应该执行什么操作，默认为忽略 NA
range	若为正，则图形将会拓展到最极端的数据值
width	箱线图的宽度
varwidth	默认为 TRUE，将会按照底层数据的多寡进行等比例的分配
notch	默认为 FALSE，若为 TRUE，则会产生箱子两侧的缺口
outline	线图，若超过数据范围，则视为错误，不绘制
names	向量数据，根据每个箱线图加上标签标识
border	边框线的颜色
col	箱形颜色
horizontal	默认为 FALSE，表示垂直显示；若为 TRUE，则标识水平显示
add	增加箱形，以当前的图为基底

下面为 boxplot 函数用法的范例。

使用两个具有 4 个元素的向量进行绘制：

```
> x
[1] 1 2 3 4
> y
[1] 5 6 7 8
> boxplot(x,y,col="red",border="blue")
```

执行结果如图 5-16 所示。

接着设置矩阵来绘制箱线图：

```
> x
     [,1] [,2] [,3] [,4] [,5]
[1,]  1    4    7   10   13
[2,]  2    5    8   11   14
[3,]  3    6    9   12   15
> boxplot(x,main="sample",col="red")
```

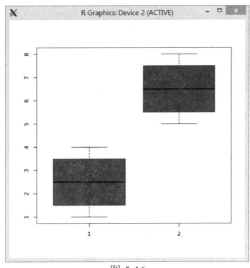

图 5-16

执行结果如图 5-17 所示。

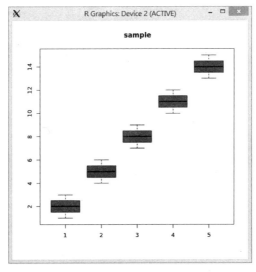

图 5-17

5.2.9　abline、curve（直线、曲线）

当用户想要在现有的图形上绘制参考线时，就可以使用函数 abline、curve。abline 用于绘制直线，而 curve 用于绘制曲线，以下分别介绍这两个函数。

abline 函数本身无法独立生成图形，必须在其他绘图函数生成图形后，才能使用 abline 函数。

语法：abline(a,b...)

其中自变量及功能见表 5-10。

表5-10

自变量	功能
a	截距
b	斜率
h	y 值的水平线
v	x 值的垂直线
lty	线的类型
lwd	线的宽度
col	线的颜色

abline 函数中的 lty 参数值分别为 0~6，如图 5-18 所示。

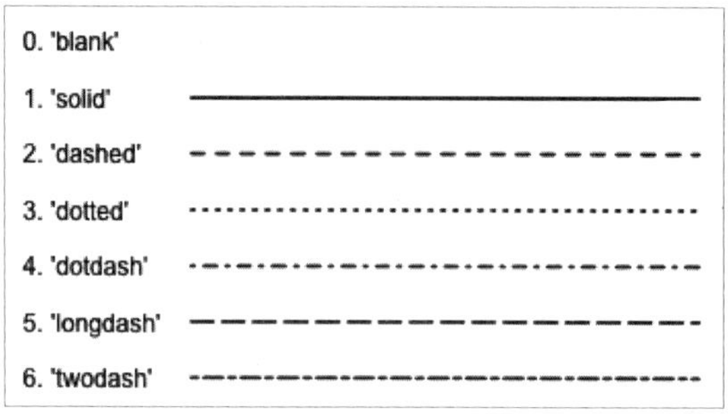

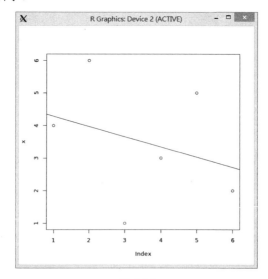

图 5-18

使用 abline 函数的范例如下：

```
> x <- sample(1:6)
> plot(x)
> abline(lsfit(1:6,x))
```

lsfit 函数用来计算回归线。

执行结果如图 5-19 所示。

图 5-19

接下来介绍 curve 曲线函数，该函数默认可以直接绘制新图，所以要叠加图形上去时，必须设置 add=TRUE 才能将新曲线叠加到现有图形上。

语法：curve(a,b...)

其中的自变量及功能见表 5-11。

表5-11

自变量	功能
expr	函数的名称
x	向量化的数字（vectorizing）
y	与 plot 兼容的别名
from,to	绘图范围
n	数值，x 值的数量评估
add	如果为 TRUE，就会添加到现有图形上；如果为 NA，就会生成新图；如果没有现有的图形，就为 FALSE
xlim	NULL 或长度为 2 的值
type	类型
xlab	x 轴的标注
ylab	y 轴的标注
col	颜色

下面是使用 curve 函数的范例：

```
> curve(sin, -pi, pi, xname = "t")
```

执行结果如图 5-20 所示。

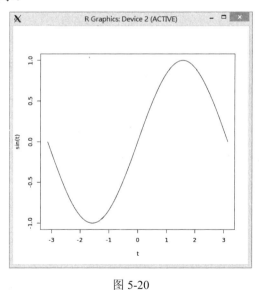

图 5-20

如果要叠加曲线到现有图形上，可以使用以下语句：

```
> curve(x^3 - 3*x, -2, 2,add=TRUE,lty=4)
```

叠加后的图形如图 5-21 所示。

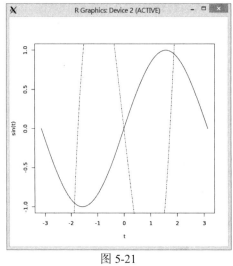

图 5-21

5.2.10 text（辅助文字）

当用户想要在现有的图形上添加辅助文字时，可以调用 text 函数。text 函数与 abline 函数一样无法单独创建图形，只能够在现有的图片中叠加。

语法：text(a,b...)

其中的自变量及功能见表 5-12。

表5-12

自变量	功能
x,y	坐标轴
labels	指定要输入的文字
adj	标签的调整，一个或两个值
pos	文字的位置，给定单个值
offset	pos 指定的偏移宽度
vfont	默认为 NULL
cex	字符膨胀系数，数值
col	颜色
font	字体

下面是使用 text 函数的范例：

```
> x
[1] 4 3 5 2 1
> y
[1] 4 3 1 5 2
> z
[1] "p1" "p2" "p3" "p4" "p5"
> plot(x,y)
> text(x,y,z,pos=4,cex=1)
```

执行结果如图 5-22 所示。

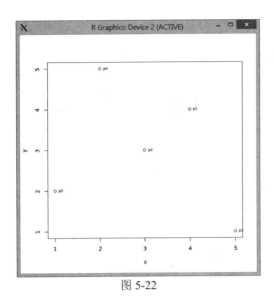

图 5-22

5.2.11　Saving Graphs（保存图形）

在 R 语言中，还提供了保存图形的函数，可以把图形存成 6 种格式的文件，分别为 PDF、Windowsmetafile、PNG、JPEG、BMP、Postscript file，见表 5-13。

表5-13

函数	说明
pdf("文件名")	存为 PDF 文件
win.metafile("文件名")	存为 WMF 文件
png("文件名")	存为 PNG 文件
jpeg("文件名")	存为 JPEG 文件
bmp("文件名")	存为 BMP 文件
postscript("文件名")	存为 PS 文件

保存文件的范例如下：

```
> png("mygraph.png")          # 存为 png 格式
> plot(x,y)
> text(x,y,z,pos=4,cex=0.9)   # 生成图形
> dev.off()
X11cairo
     2
```

当图形绘制完成时，输入 dev.off 函数将生成图形。

5.3　绘图范例

查询美元对 A 货币的汇率：

假如获取了三个月美元对 A 货币的汇率存档（例如存为 ExchangeRate@201707280909.csv，建

议使用 Excel 来存储这个文件，这样会自动产生 Tab 分隔字段的格式）。随后将汇率存成变量，并绘制折线图、柱状图，首先执行：

x<-read.table("ExchangeRate@201707280909.csv",header=T)

接着查询变量：

```
> head(x)
    数据日期   币别 汇率   现金    即期    远期10天   远期30天   远期60天   远期90天
1 20170728  USD 本行买入 29.935 30.235  30.220    30.189     30.150     30.108
2 20170727  USD 本行买入 29.880 30.180  30.165    30.134     30.095     30.053
3 20170726  USD 本行买入 30.030 30.330  30.315    30.285     30.245     30.203
4 20170725  USD 本行买入 29.985 30.285  30.270    30.239     30.200     30.160
5 20170724  USD 本行买入 29.990 30.290  30.275    30.244     30.206     30.166
6 20170721  USD 本行买入 30.090 30.390  30.376    30.349     30.307     30.269
    远期120天  远期150天  远期180天  汇率.1 现金.1  即期.1  远期10天.1 远期30天.1
1   30.065     30.024     29.967 本行卖出 30.477 30.335  30.323     30.300
2   30.010     29.969     29.912 本行卖出 30.422 30.280  30.268     30.245
3   30.160     30.118     30.060 本行卖出 30.572 30.430  30.419     30.396
4   30.116     30.072     30.014 本行卖出 30.527 30.385  30.374     30.351
5   30.121     30.075     30.023 本行卖出 30.532 30.390  30.379     30.356
6   30.225     30.180     30.128 本行卖出 30.632 30.490  30.480     30.460
    远期60天.1  远期90天.1  远期120天.1  远期150天.1  远期180天.1
1   30.262     30.219     30.184      30.148      30.106
2   30.207     30.164     30.129      30.093      30.051
3   30.358     30.315     30.279      30.242      30.199
4   30.311     30.272     30.235      30.197      30.154
5   30.319     30.280     30.242      30.205      30.165
6   30.421     30.383     30.344      30.307      30.266
> plot(x[,1],x[,4],type='l',main='A:USD')
```

由于第一个字段为日期，第 4 个字段为现金价，因此以日期为 x 轴，现金价为 y 轴绘图，折线图如图 5-23 所示。

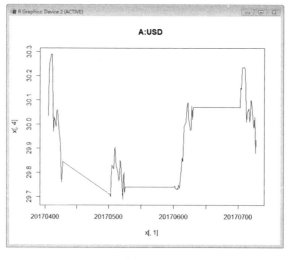

图 5-23

```
> barplot(x[,4],main='A:USD')
```

直方图如图 5-24 所示。

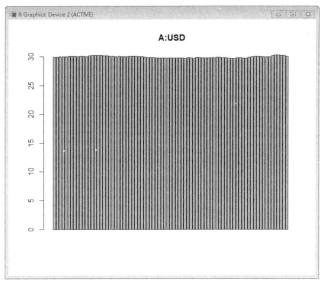

图 5-24

由于每个汇率差距甚小，因此绘制直方图无法帮助用户看到差异，这时可以减去一个特定值，让图表能够显示出差异。

```
> barplot(x[,4]-30,main='A:USD')
```

绘出的图表如图 5-25 所示。

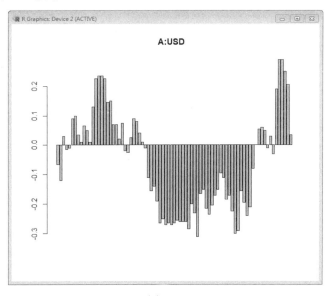

图 5-25

第6章 数值分析与矩阵计算

数值分析与矩阵计算是科学计算的重要工具，也是应用数学着重发展的领域。计算机辅助计算的目的在于帮助我们推测或归纳未来的结果，其中数值分析能帮助我们更准确、更快速地计算数值，而矩阵计算能通过矩阵性质的分析获得更多有价值的数据。

6.1 数值分析函数

数值分析是应用数学的重要发展领域之一，能帮助我们快速、精准地计算结果，让计算机发挥辅助计算的功能。本节将从精准度开始介绍计算上的误差以及常用的数学工具与应用。

6.1.1 数值精度

R 语言使用 IEEE 标准的 64 位浮点双精度运算，我们可以使用 ".Machine" 查看各种变量的精度，范例如下：

```
> .Machine
$double.eps
[1] 2.220446e-16

$double.neg.eps
[1] 1.110223e-16

$double.xmin
[1] 2.225074e-308

$double.xmax
[1] 1.797693e+308

$double.base
[1] 2

$double.digits
[1] 53

$double.rounding
[1] 5
```

```
$double.guard
[1] 0

$double.ulp.digits
[1] -52

$double.neg.ulp.digits
[1] -53

$double.exponent
[1] 11

$double.min.exp
[1] -1022

$double.max.exp
[1] 1024

$integer.max
[1] 2147483647

$sizeof.long
[1] 8

$sizeof.longlong
[1] 8

$sizeof.longdouble
[1] 16

$sizeof.pointer
[1] 8
```

其中，最小的 floating-point 名称为"double.xmin"，数值为 $2.225074 \times 10^{-308}$，最大的 floating-point 名称为"double.xmax"，数值为 1.797693×10^{308}。

6.1.2　四舍五入误差

在 R 语言中，以"数字"作为运算的根本，对于无理数、不能整除的分数等均会在有效位数内进行四舍五入的操作，因此必然会有少许误差产生。一般我们会根据环境定义小数点的有效位数，确保计算的有效性，另外，在进行大型运算或是较大的矩阵运算时，需注意四舍五入所产生的误差是否会影响结果。

❖ **小数点有效位数**

R 对于小数点有效位数的默认值为 7 位，举例来说，计算 1 除以 6 会得到 0.1666667：

```
> 1/6
[1] 0.1666667
```

要调整小数点位数，可以通过"options(digits = 数值)"进行调整，例如将小数点位数调整为12 位，并计算 1 除以 6 的结果：

```
> options(digits = 12)
> 1/6
[1] 0.166666666667
```

小数点位数的上限值为 22，因此一般的计算只能精确到小数点后 22 位。

❖ 会产生"舍弃"的数学函数

数学函数中本身也有四舍五入的函数、高斯符号（小于该数的最大整数）、大于该数的最小整数等，这些都会影响原数值的精度。部分范例如下：

```
> round(1234.567)
[1] 1235
> round(1234.567,-2)
[1] 1200
> round(1234.567,2)
[1] 1234.57
> signif(1234.567)
[1] 1234.57
> signif(1234.567,2)
[1] 1200
```

❖ 除法与减法运算的误差

当我们进行除法或减法运算时，可能会因为二进制的转换过程产生少许的误差。例如，0.3 除以 0.1 的结果应该为 3，因此 0.3/0.1 减去 3 的结果应该为 0，但在 R 中却不然：

```
> 0.3/0.1-3
[1] -4.440892e-16
```

得到的结果为 $-4.440892 \times 10^{-16}$，尽管误差值很小，但却不是我们心目中的答案：0。如果要忽略很小的误差，可使用"zapsmall"函数，范例如下：

```
> zapsmall(0.3/0.1)-3
[1] 0
```

❖ 无法表示的数值

一些运算或数值本身是无意义的，如正负无穷大（Infinity，Inf）、非数值（Not a Number，NaN）。例如，1 除以 0 的结果就是 Inf（无穷大），0 除以 0 的结果就是 NaN（非数值）。下面是一些范例：

```
> 1/0
[1] Inf
> log(0)
[1] -Inf
> 0/0
[1] NaN
```

6.1.3　R 的内建数值与数学函数

R 语言本身有 5 个内建数值与数学函数，本小节将介绍它们。

❖　**内建数值**

R 语言中有 5 个内建数值，分别介绍如下。

- pi：圆周率 π，其默认为 7 位小数，数值为 3.141593。
- LETTERS: 英文字母大写的 26 个字母，为一个数组：LETTERS[1]表示 A，LETTERS[2] 表示 B，以此类推。
- letters: 英文字母小写的 26 个字母，为一个数组：letters[1]表示 a，letters[2]表示 b，以此类推。
- month.abb: 12 个月份的简写，为一个数组：month.abb[1]表示 Jan，month.abb[2]表示 Feb，以此类推。
- month.name: 12 个月份的全名，为一个数组：month.name[1]表示 January，month.name[2]表示 February，以此类推。

 提示　e 在数学中是自然对数的基底，约为 2.7182818，但在 R 中是以 exp(1)函数来表示的，没有 e 或 exp 这样的变量。

❖　**数学函数**

关于 R 语言的数学函数可参考 2.2 节的介绍，这里仅列出函数与用途的对照表，见表 6-1。

表6-1

用途	函数
加减乘除	+、-、*、/
幂次方，或次方	^
计算两者相除的商	/
余数	%%
随机数生成	sample
正负号的判断	sign
四舍五入函数	round
取整数	trunc
小于等于的最大整数	floor
大于等于的最小整数	ceiling
显示有效位数	signif
绝对值函数	abs
开根号	sqrt
显示 x 的 k 位有效位数（四舍五入）	signif(x,k)
指数函数	exp
对数函数	log
三角函数	sin、cos、tan

（续表）

用途	函数
N 阶层	factorial
在 N 个元素中取 K 个元素的可能组合数	choose
定积分	integrate

6.1.4 多项式函数

多项式是数学中常被使用的一种函数类型，在单个变量中，最常使用的一般式为：$f(x) = a_n x^n + a_{n-1} x^{n-1} + \ldots + a_1 x + a_0$。在 R 语言中，关于多项式函数的软件包有三个，即 PolynomF、polynom 与 orthopolynom，其中 PolynomF 是 polynom 的改进版，而 orthopolynom 是关于正交多项式的软件包。下面将介绍安装这些软件包以及使用 PolynomF 的范例。

❖ 多项式软件包的安装

安装 PolynomF、polynom 与 orthopolynom 的执行过程如下：

```
> install.packages(c("PolynomF","polynom","orthopolynom"))
Installing packages into '/usr/local/lib/R/site-library' (as 'lib' is unspecified)
--- Please select a CRAN mirror for use in this session --- CRAN mirror
1:  0-Cloud [https]              2:  0-Cloud
3:  Algeria                      4:  Argentina (La Plata)
5:  Australia (Canberra)         6:  Australia (Melbourne)
7:  Austria [https]              8:  Austria
9:  Belgium (Antwerp)           10:  Belgium (Ghent) [https]
11: Belgium (Ghent)             12:  Brazil (BA)
13: Brazil (PR)                 14:  Brazil (RJ)
15: Brazil (SP 1)               16:  Brazil (SP 2)
17: Canada (BC)                 18:  Canada (NS)
19: Canada (ON)                 20:  Chile [https]
21: Chile                       22:  China (Beijing 2)
23: China (Beijing 3)           24:  China (Beijing 4) [https]
25: China (Beijing 4)           26:  China (Xiamen)
27: Colombia (Cali) [https]     28:  Colombia (Cali)
29: Czech Republic              30:  Ecuador
31: El Salvador                 32:  Estonia
33: France (Lyon 1)             34:  France (Lyon 2) [https]
35: France (Lyon 2)             36:  France (Marseille)
37: France (Montpellier)        38:  France (Paris 1)
39: France (Paris 2) [https]    40:  France (Paris 2)
41: Germany (Berlin)            42:  Germany (Göttingen)
43: Germany (Münster) [https]   44:  Germany (Münster)
45: Greece                      46:  Hungary
47: Iceland [https]             48:  Iceland
49: India                       50:  Indonesia (Jakarta)
51: Iran                        52:  Ireland
53: Italy (Milano)              54:  Italy (Padua) [https]
55: Italy (Padua)               56:  Italy (Palermo)
57: Japan (Tokyo) [https]       58:  Japan (Tokyo)
```

```
 59:  Japan (Yamagata)          60:  Korea (Seoul 1)
 61:  Korea (Seoul 2)           62:  Korea (Ulsan)
 63:  Lebanon                   64:  Mexico (Mexico City) [https]
 65:  Mexico (Mexico City)      66:  Mexico (Texcoco)
 67:  Mexico (Queretaro)        68:  Netherlands (Amsterdam)
 69:  Netherlands (Utrecht)     70:  New Zealand [https]
 71:  New Zealand               72:  Norway
 73:  Philippines               74:  Poland
 75:  Portugal (Lisbon)         76:  Russia (Moscow) [https]
 77:  Russia (Moscow)           78:  Singapore
 79:  Slovakia                  80:  South Africa (Cape Town)
 81:  South Africa (Johannesburg)  82:  Spain (A Coruña) [https]
 83:  Spain (A Coruña)          84:  Spain (Madrid) [https]
 85:  Spain (Madrid)            86:  Sweden
 87:  Switzerland [https]       88:  Switzerland
 89:  Taiwan (Chungli)          90:  Taiwan (Taipei)
 91:  Thailand                  92:  Turkey (Denizli)
 93:  Turkey (Mersin)           94:  UK (Bristol) [https]
 95:  UK (Bristol)              96:  UK (Cambridge) [https]
 97:  UK (Cambridge)            98:  UK (London 1)
 99:  UK (London 2)            100:  UK (St Andrews)
101: USA (CA 1) [https]        102: USA (CA 1)
103: USA (CA 2)                104: USA (IA)
105: USA (IN)                  106: USA (KS) [https]
107: USA (KS)                  108: USA (MI 1) [https]
109: USA (MI 1)                110: USA (MI 2)
111: USA (MO)                  112: USA (NC)
113: USA (OH 1)                114: USA (OH 2)
115: USA (OR)                  116: USA (PA 1)
117: USA (PA 2)                118: USA (TN) [https]
119: USA (TN)                  120: USA (TX) [https]
121: USA (TX)                  122: USA (WA) [https]
123: USA (WA)                  124: Venezuela
Selection:90          ←————————  选择90个下载点
trying URL 'http://cran.csie.ntu.edu.tw/src/contrib/PolynomF_0.94.tar.gz' Content type
'application/x-gzip' length 12951 bytes (12 KB)
==================================================
downloaded 12 KB

trying URL 'http://cran.csie.ntu.edu.tw/src/contrib/polynom_1.3-8.tar.gz' Content type
'application/x-gzip' length 17153 bytes (16 KB)
==================================================
downloaded 16 KB

trying URL 'http://cran.csie.ntu.edu.tw/src/contrib/orthopolynom_1.0-5.tar.gz' Content type
'application/x-gzip' length 30204 bytes (29 KB)
==================================================
downloaded 29 KB

installing *source* package 'PolynomF' ...
```

```
** libs
...


installing *source* package 'polynom' ...
** package 'polynom' successfully unpacked and MD5 sums checked
** R
** inst
** preparing package for lazy loading
** help
*** installing help indices
** building package indices
** testing if installed package can be loaded
DONE (polynom)
installing *source* package 'orthopolynom' ...
** package 'orthopolynom' successfully unpacked and MD5 sums checked
** R
** preparing package for lazy loading
** help
*** installing help indices
** building package indices
** testing if installed package can be loaded
* DONE (orthopolynom)

The downloaded source packages are in
    '/tmp/RtmpxsF6Jg/downloaded_packages'
```

到此安装完成，之后使用 require 函数就可以加载软件包了。

❖ PolynomF 的使用范例

使用 PolynomF 软件包可以直接定义多项式函数并进行计算，下面先加载软件包：

```
> require(PolynomF)
Loading required package: PolynomF
```

接着定义两个多项式：$f(x) = 3x^2 + 4x - 5$ 与 $g(x) = x^3 - 3x^2 - 9x - 1$：

```
> x = polynom()
> f = 3*x^2+4*x-5
> g = x^3-3*x^2-9*x-1
```

 提示　一般在写算式时不会刻意加上乘号"*"，但是在程序的多项式中，系数和变量之间必须加上"*"，否则就会提示语法错误。

接着看一下 f 的类与类型，分别为"polynom"与"function"：

```
> class(f)
[1] "polynom"
> mode(f)
[1] "function"
```

使用 coef（coefficient，系数）可列出多项式的系数，从小到大（常数项、一次幂项、二次幂项……），范例如下：

```
> coef(f)
[1] -5  4  3
> coef(g)
[1] -1 -9 -3  1
```

进行简单的函数相加、相减与相乘，范例如下：

```
> f+g
-6 - 5*x + x^3
> f-g
-4 + 13*x + 6*x^2 - x^3
> f*g
5 + 41*x - 24*x^2 - 44*x^3 - 5*x^4 + 3*x^5
```

接着将 $g(x) = x^3 - 3x^2 - 9x - 1$ 的图形绘出：

```
> curve(g,-2,6, ylab = "g(x), dG/dx")
```

执行后就会绘出 $g(x)$ 的函数图形，如图 6-1 所示。

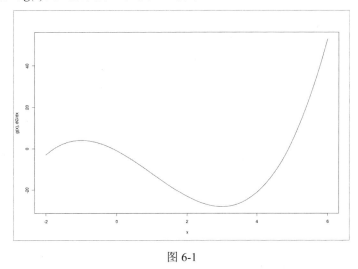

图 6-1

我们可以使用 "deriv" 函数将 $f(x)$ 与 $g(x)$ 分别进行微分，范例如下：

```
> Df = deriv(f,"x")
> Df
4 + 6*x
>
> Dg = deriv(g,"x")
> Dg
-9 - 6*x + 3*x^2
```

接着绘出微分后的函数：Dg，范例如下：

```
> curve(Dg, lty=2, add=T)
```

执行后会以虚线绘出 *g(x)* 微分后的函数图形，并叠加在原有的函数图形上，如图 6-2 所示。

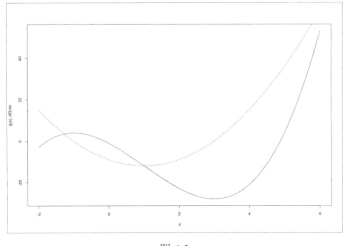

图 6-2

接着求出微分为 0 的解，也就是令 $Dg = g'(x) = 0$，解出 x，并将解赋值给数组 zeros，范例如下：

```
> zeros = solve(Dg)
> zeros
[1] -1  3
```

由上得知，zeros 为一个包含-1 与 3 的数组，其中 zeros[1]为-1，zeros[2]为 3，换言之，$g'(x) = 0$ 的解为-1 或 3，由微积分的极值原理得知，这两个点可能为极值发生的位置，接着将这两个点带入计算：

```
> g(zeros[1])
[1] 4
> g(zeros[2])
[1] -28
```

我们得知，当 x=-1 时，有极大值 4；当 x=-3 时，有极小值-28。接着将图形加上 x 轴，并标注极值发生位置的水平线与垂直线：

```
> abline(0,0, col = gray(.6))        ←────── 绘出 x 轴,灰度 0.6
> abline(v=zeros[1], col=gray(.6))   ←────── 绘出第一个极值的垂直线,灰度 0.6
> abline(h=g(zeros[1]), col=gray(.8)) ←────── 绘出第一个极值的水平线,灰度 0.8
> abline(v=zeros[2], col=gray(.6))   ←────── 绘出第二个极值的垂直线,灰度 0.6
> abline(h=g(zeros[2]), col=gray(.8)) ←────── 绘出第二个极值的水平线,灰度 0.8
```

执行后会以淡色的实线绘出 x 轴、两个极值发生位置的水平与垂直线，并叠加在原有的函数图形上，如图 6-3 所示。

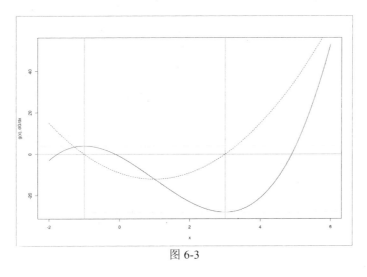

图 6-3

6.1.5 方程式的解

在本小节将介绍常见的方程式求解函数，包括多项式与线性方程式，并介绍一个发生误差的范例。

❖ **多项式的解**

在 R 的标准函数中，有一个能够求得实数与复数解的函数：polyroot。我们只需要将多项式的系数以数组的方式按序（从常数项到最高幂次项）放入即可计算。举例来说，$-3+2x+x^2=0$ 的系数为 (-3,2,1)，在 R 中可存为 "c(-3,2,1)"，因此通过 "polyroot(c(-3,2,1))" 即可求得结果：

```
> polyroot(c(-3,2,1))
[1]  1+0i -3+0i
```

得到解：$1+0i$ 与 $-3+0i$，其中 i 为虚数（$i=\sqrt{-1}$），换言之，解为 1 或 -3。

使用 PolynomF 软件包中的函数（polynom）同样也能计算多项式的解：

```
> require(PolynomF)
Loading required package: PolynomF
> x = polynom()
> solve(-3+2*x+x^2)
[1] -3  1
```

同样得到解：-3 与 1。但使用 polynom 有一个小小的好处：由解可以推回到原多项式：

```
> q=c(-3,1)
> poly.calc(q)
-3 + 2*x + x^2
```

定义一个数组：(-3,1) 并通过函数 "poly.calc" 即可还原为多项式：$-3+2x+x^2$。

❖ **一般函数的解**

我们定义一个函数：$f(x)=e^x-x^3$，并将图形绘出：

```
> f = function(x) exp(x)-x^3
> curve(f(x),0,3)
> abline(h=0, lty=3)  ←─────────────── 绘出 x 轴
```

绘出的图形如图 6-4 所示。

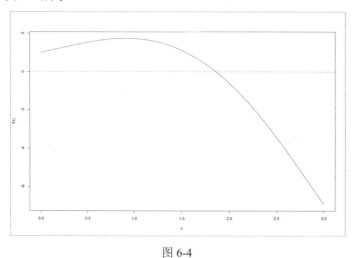

图 6-4

在标准的 R 中，使用函数 uniroot（使用 Brent method 求解）就可以计算指定范围(0,3)内的解：

```
> uniroot(f,c(0,3))
$root
[1] 1.857196

$f.root
[1] -4.668105e-05

$iter
[1] 7

$init.it
[1] NA

$estim.prec
[1] 6.103516e-05
```

我们得到近似解为"$root"：1.857196，解所在的函数值为"$f.root"，是-4.668105×10^{-5}（如果是精确的解，函数值就应该为 0，但函数求解都有少许误差，因此这个函数值为一个接近 0 的数字）。

另外，"$iter"表示迭代（循环计算）的次数（可参考 Brent method 的算法），"$init. it"表示初始值（NA 表示没有指定初始值），而"$estim.prec"表示估计的误差值。

❖ 线性方程式（**Ax=b**）的解

已知一个线性方程式 $Ax = b$，其中 $A \in M_{n \times n}$ 为一个方阵，如果单以数学公式推导，可以得到 $x = A^{-1}b$，其中 A^{-1} 为 A 的逆矩阵。

但是在计算机运算上，要解 $Ax=b$ 并不需要求得逆矩阵（A^{-1}），原因是计算量过于庞大，有许多更好的算法可以进行分解计算来求解。在 R 中提供了函数"solve"直接帮我们计算，举例如下：

一个方程组：
$$\begin{cases} 2x - 2y = 1 \\ -x + 3y = 2 \end{cases}$$

可表示为：

$$\begin{pmatrix} 2 & -2 \\ -1 & 3 \end{pmatrix} \cdot \begin{pmatrix} x \\ y \end{pmatrix} = \begin{pmatrix} 1 \\ 2 \end{pmatrix}$$

进入 R 中，运算如下：

```
> A<-matrix(c(2,-1,-2,3),nrow=2)
      [,1]  [,2]
[1,]    2    -2
[2,]   -1     3
> b=c(1,2)
> solve(A,b)
[1] 1.75 1.25
```

因此得到解：$x = 1.75, y = 1.25$。

❖ **产生误差的解**

由于计算机的计算精度是有限的，因此必然存在四舍五入的误差，在一般线性方程组的解中就可能会发生这种误差。我们考虑一种类型的矩阵：斜对角线都为 1，上半部都为-1，下半部都为 0：

$$A = \begin{pmatrix} 1 & -1 & -1 & -1 \\ 0 & 1 & -1 & -1 \\ 0 & 0 & \ddots & -1 \\ 0 & 0 & 0 & 1 \end{pmatrix}_{n \times n}$$

在 R 中试着用循环产生一个这样的矩阵，程序代码如下：

```
size<-10
A<-matrix(ncol=size,nrow=size)
x<-numeric(0)
i=1
j=1
while ( i<=size) {
    while ( j<=size) {

        if ( i==j ) {
            A[i,j]=1
        }
        elseif ( i<j ) {
            A[i,j]=-1
        }
        else {
            A[i,j]=0
        }
```

```
        j<-j+1
    }
    x<-c(x,i/size)
    j<-1
    i<-i+1
  }
b<-A%*%x
y<-solve(A,b)
```

其中，size 为 10，也就是定义为 10×10 的矩阵：

$$A = \begin{pmatrix} 1 & -1 & -1 & -1 \\ 0 & 1 & -1 & -1 \\ 0 & 0 & \ddots & -1 \\ 0 & 0 & 0 & 1 \end{pmatrix}_{10 \times 10}$$

并产生一个向量：$x = \begin{pmatrix} 0.01 \\ 0.02 \\ \vdots \\ 1 \end{pmatrix}$

接着令 $b=Ax$，得到一个向量 b，用 A 与 b 解出 y，满足 $Ay=b$（利用 $y=solve(A,b)$）。照理来说，x 与 y 应该完全相等，因此可以比较 $x[1]$ 与 $y[1]$ 的差异。

在 size 为 10 时，x[1] 与 y[1] 是相等的，两者均为 0.01。

当 size 为 47 时（也就是 A 是一个 47×47 的矩阵时），得到的结果如下：

```
> x[1]
[1] 0.0212766
> y[1]
[1] 0.02090301
> (x[1]-y[1])/x[1]
[1] 0.01755861
```

两者产生 0.01755861 的误差率，并且在 size 大于等于 48 时出现错误信息：

```
Error in solve.default(A, b) :
system is computationally singular: reciprocal condition number = 1.4803e-16
```

如此简单的矩阵竟会产生这么大的误差，原因在于 A^{-1} 的 norm 过大，可尝试的解决方案是：将 A 的行进行互换后再进行计算。若读者对于相关议题感兴趣，可参考数值分析相关的书籍。

6.2　矩阵应用函数

在本节中将介绍常用的矩阵应用函数，并列举实例，见表 6-2。

表6-2

函数名称	描述
A * B	A、B 两个矩阵的元素分别两两相乘
A %*% B	两个矩阵相乘

（续表）

函数名称	描述
A %o% B	两个向量的外积。如果 A、B 为矩阵，就是 A 与 B 的行分别两两进行外积，会产生多个矩阵
crossprod(A,B)	向量的内积。若 A、B 为矩阵，则会产生一个内积矩阵
t(A)	转置矩阵
diag(x)	产生对角矩阵。如果 x 为正整数 k，就会产生 k×k 的对角矩阵；如果 x 是一个矩阵，就会将对角线的元素列出；如果 x 为一个向量，就会产生一个对角矩阵，其对角线的数值按序为 x 向量内的元素
solve(A, b)	解出 Ax=b 中的 x
solve(A)	求得 A 的逆矩阵
det(A)	求得 A 的行列式值
y<-eigen(A)	求得 A 的特征值、特征向量，其中 y 是一个数组：y$val 为特征值（从大到小排列），y$vec 为特征向量（对应特征值按序排列）
y<-svd(A)	求得 A 的 Single value decomposition 分解，其中 y 是一个数组：y$d 是包含 singular values 的向量，y$u 为左 singular vectors 列排成的矩阵，y$v 为右 singular vectors 列排成的矩阵
R <- chol(A)	求得 A 的 Choleski 分解，其中 Rt · R=A
y <- qr(A)	求得 A 的 QR 分解，其中 y 是一个数组：y$qr 包含分解后的上三角矩阵与下三角矩阵，y$rank 为矩阵 A 的 rank，y$qraux 为 Q 矩阵更完整的信息，y$pivot 为系数的信息
cbind(A,B,...)	将矩阵 A 与 B 进行列合并
rbind(A,B,...)	将矩阵 A 与 B 进行行合并
rowMeans(A)	计算矩阵 A 每一行的平均值
rowSums(A)	计算矩阵 A 每一行的总和
colMeans(A)	计算矩阵 A 每一列的平均值
colSums(A)	计算矩阵 A 每一列的总和

6.2.1 行列式

行列式（determinant）是矩阵应用中常见的一个函数，可将一个方阵（行列相等的矩阵）对应到一个标量值，在许多学科（如线性代数、微积分或金融）中，都有其代表的含义。下面定义一个方阵并计算行列式的值：

$$A = \begin{pmatrix} 0 & -2 & -3 \\ 1 & 3 & 3 \\ 0 & 0 & 1 \end{pmatrix}$$

在 R 中定义矩阵并计算行列式的值：

```
> A<-matrix(c(0,1,0,-2,3,0,-3,3,1),nrow=3)
> A
     [,1] [,2] [,3]
[1,] 0    -2   -3
[2,] 1    3    3
[3,] 0    0    1
> det(A)
[1] 2
```

6.2.2 逆矩阵

逆矩阵（inverse matrix）是方阵（行列相同的矩阵）的一种矩阵变换形态，基本定义为：如果两个矩阵 A、B 满足 $A \cdot B = B \cdot A = I$，其中 I 为单位矩阵，就称 B 为 A 的逆矩阵，记为 A^{-1}。

```
> A<-matrix(c(0,1,0,-2,3,0,-3,3,1),nrow=3)
> A
     [,1] [,2] [,3]
[1,] 0    -2   -3
[2,] 1    3    3
[3,] 0    0    1
> solve(A)
      [,1]  [,2] [,3]
[1,]  1.5   1    1.5
[2,] -0.5   0   -1.5
[3,]  0.0   0    1.0
```

若将 A 与 A^{-1} 相乘，则会得到 I：

$$\begin{pmatrix} 0 & -2 & -3 \\ 1 & 3 & 3 \\ 0 & 0 & 1 \end{pmatrix} \cdot \begin{pmatrix} 1.5 & 1 & 1.5 \\ -0.5 & 0 & -1.5 \\ 0 & 0 & 1 \end{pmatrix} = \begin{pmatrix} 1 & 0 & 0 \\ 0 & 1 & 0 \\ 0 & 0 & 1 \end{pmatrix}$$

范例如下：

```
> A %*% solve(A)
     [,1] [,2] [,3]
[1,] 1    0    0
[2,] 0    1    0
[3,] 0    0    1
```

6.2.3 特征值与特征向量

在线性变换中，一个方阵（行列相同的矩阵 A）如果满足：

$Ax = \lambda x, x \neq 0$，就称 λ 为特征值（eigenvalue），x 为对应 λ 的特征向量。在一般的数学运算中，可以通过行列式计算 λ：$\det(A - \lambda I) = 0$，再通过解方程组求得 x。在 R 中，我们只需要通过"eigen"这个内建函数就可以计算出特征值与对应的特征向量：

```
> A<-matrix(c(0,1,0,-2,3,0,-3,3,1),nrow=3)
> A
     [,1] [,2] [,3]
[1,] 0    -2   -3
[2,] 1    3    3
[3,] 0    0    1
> eigen(A)
$values
[1] 2 1 1

$vectors
          [,1]       [,2]       [,3]
[1,] 0.7071068 -0.8944272 -0.3585686
```

```
[2,] -0.7071068  0.4472136 -0.7171372
[3,] 0.0000000  0.0000000  0.5976143
```

我们得到的特征值为 2,1,1，对应 2 的特征向量为 $\begin{pmatrix} 0.7071068 \\ -0.7071068 \\ 0.0000000 \end{pmatrix}$，而对应 1 的特征向量为

$\begin{pmatrix} -0.8944272 \\ 0.4472136 \\ 0.0000000 \end{pmatrix}$ 与 $\begin{pmatrix} -0.3585686 \\ -0.7171372 \\ 0.5976143 \end{pmatrix}$。

特征值是唯一的，但特征向量并不唯一，只要是倍数或线性组合都可以满足结果。因此，上面三个特征向量通过人工计算通常会取整数，而通过计算机运算常会出现小数。人工化简后的特征向量如下：

$\begin{pmatrix} 1 \\ -1 \\ 0 \end{pmatrix}, \begin{pmatrix} -2 \\ 1 \\ 0 \end{pmatrix}, \begin{pmatrix} 3 \\ 6 \\ 5 \end{pmatrix}$

6.2.4　矩阵分解

矩阵分解（Matrix Decomposition）的意思就是将一个矩阵分解为两或三个矩阵相乘，这样的做法通常为了计算速度与准确性。下面介绍三个常见的矩阵分解方式。

❖　QR 分解

QR 分解是将一个 $m \times n$ 的矩阵 $A_{m \times n}$ 分解为一个正交化（orthogonal）的矩阵 $Q_{m \times n}$ 以及一个上三角矩阵 $R_{m \times n}$。我们给出一个矩阵如下：

$A = \begin{pmatrix} 1 & 4 & 7 & 10 \\ 2 & 5 & 8 & 11 \\ 3 & 6 & 9 & 12 \end{pmatrix}_{3 \times 4}$，并通过"qr"函数计算如下：

```
> A = atrix((1:12),nrow=3)
> A
     [,1] [,2] [,3] [,4]
[1,]  1    4    7    10
[2,]  2    5    8    11
[3,]  3    6    9    12
> q<-qr(A)
> q

$qr
        [,1]    [,2]     [,3]      [,4]
[1,] -3.742  -8.552  -1.34e+01  -1.82e+01
[2,]  0.535   1.964   3.93e+00   5.89e+00
[3,]  0.802   0.989   1.78e-15   1.78e-15

$rank
[1] 2

$qraux
```

```
[1] 1.27e+00 1.15e+00 1.78e-15 1.78e-15

$pivot
[1] 1 2 3 4

attr(,"class")
[1] "qr"
```

接着将 q 通过"qr.Q"计算出正交化矩阵 Q，并通过"qr.R"计算出上三角矩阵 R，范例如下：

```
> qr.Q(q)
        [,1]    [,2]    [,3]
[1,] -0.267  0.873  0.408
[2,] -0.535  0.218 -0.816
[3,] -0.802 -0.436  0.408
> qr.R(q)
        [,1]      [,2]         [,3]           [,4]
[1,] -3.74     -8.55    -1.34e+01      -1.82e+01
[2,]  0.00      1.96     3.93e+00       5.89e+00
[3,]  0.00      0.00     1.78e-15       1.78e-15
```

$$Q = \begin{pmatrix} -0.267 & 0.873 & 0.408 \\ -0.535 & 0.218 & -0.816 \\ -0.802 & -0.436 & 0.408 \end{pmatrix}_{3\times3}, R = \begin{pmatrix} -3.74 & -8.55 & -13.4 & -18.2 \\ 0 & 1.96 & 3.93 & 5.89 \\ 0 & 0 & 1.78\cdot10^{-15} & 1.78\cdot10^{-15} \end{pmatrix}_{4\times4}$$

最后将两个矩阵相乘，即可得到原始矩阵 A，范例如下：

```
> qr.Q(q) %*% qr.R(q)
     [,1] [,2] [,3] [,4]
[1,]    1    4    7   10
[2,]    2    5    8   11
[3,]    3    6    9   12
```

❖ SVD 分解

SVD（Singular Value Decomposition）可将一个非方阵的矩阵 A（行列不相等的矩阵）转换为 $A = UDV^*$，其中 D 为非负的对角矩阵，U、V 满足：$U^* \cdot U = U^* \cdot U = I$，$V^* \cdot V = V \cdot V^* = I$，为矩阵转置后取共轭复数，如果为实数矩阵，就可直接视为转置矩阵。

我们给出一个矩阵如下：

$$A = \begin{pmatrix} 1 & 4 & 7 & 10 \\ 2 & 5 & 8 & 11 \\ 3 & 6 & 9 & 12 \end{pmatrix}_{3\times4}$$，并通过"svd"函数计算如下：

```
> svd(A)
$d
[1] 2.55e+01 1.29e+00 1.72e-15

$u
        [,1]     [,2]     [,3]
```

```
[1,] -0.505  -0.7608   0.408
[2,] -0.575  -0.0571  -0.816
[3,] -0.644   0.6465   0.408


$v
        [,1]     [,2]     [,3]
[1,] -0.141   0.8247  -0.499
[2,] -0.344   0.4263   0.497
[3,] -0.547   0.0278   0.503
[4,] -0.750  -0.3706  -0.501
```

其中，"$d"表示对角矩阵的值，"$u"表示矩阵 U，"$v"表示矩阵 V，范例如下：

$$D = \begin{pmatrix} 25.5 & 0 & 0 \\ 0 & 1.29 & 0 \\ 0 & 0 & 1.72 \cdot 10^{-15} \end{pmatrix}, U = \begin{pmatrix} -0.505 & -0.7608 & 0.408 \\ -0.575 & -0.0571 & -0.816 \\ -0.644 & 0.6465 & 0.408 \end{pmatrix}$$

$$V = \begin{pmatrix} -0.252 & 0.8247 & -0.499 \\ -0.344 & 0.4263 & 0.497 \\ -0.547 & 0.0278 & 0.503 \\ -0.750 & -0.3706 & -0.501 \end{pmatrix}$$

最后验证 $A=UDV^*$，范例如下：

```
> svd(A)$u %*% diag(svd(A)$d) %*% t(svd(A)$v)
     [,1] [,2] [,3] [,4]
[1,] 1    4    7    10
[2,] 2    5    8    11
[3,] 3    6    9    12
```

❖ **LU 分解**

LU 分解是将一个方阵 A（行列相等的矩阵）拆解为一个上三角矩阵（只有对角线与上三角的部分有值，其他部分为 0）与一个下三角矩阵（只有对角线与下三角的部分有值，其他部分为 0）：$A=L \cdot U$，其中 L 为下三角矩阵（lower-triangular matrix），U 为上三角矩阵（upper-triangular matrix）。

我们给出一个矩阵如下：

$$A = \begin{pmatrix} 1 & -1 & -1 \\ 2 & 1 & -2 \\ 3 & 2 & 0 \end{pmatrix}$$

在 R 中定义一个上面的矩阵，并使用函数"lu"计算如下：

```
> A = matrix(c(1,2,3,-1,2,2,-1,-2,0),nrow=3)
> A
     [,1] [,2] [,3]
[1,] 1    -1   -1
[2,] 2     2   -2
[3,] 3     2    0
> y<-lu(A)
> y
```

```
'MatrixFactorization' of Formal class 'denseLU' [package "Matrix"] with 3 slots
..@ x    : num [1:9] 3 0.333 0.667 2 -1.667 ...
..@ perm: int [1:3] 3 3 3
..@ Dim : int [1:2] 3 3
```

接着使用函数"expand"将 y（lu 函数计算的结果）的内容展开：

```
> expand(y)
$L
3 x 3 Matrix of class "dtrMatrix" (unitriangular)
          [,1]       [,2]          [,3]
[1,]      1.000      .             .
[2,]      0.333      1.000         .
[3,]      0.667      -0.400        1.000
$U
3 x 3 Matrix of class "dtrMatrix"
      [,1]       [,2]      [,3]
[1,]  3.00       2.00      0.00
[2,]  .          -1.67     -1.00
[3,]  .          .         -2.40
$P
3 x 3 sparse Matrix of class "pMatrix"

[1,] . | .          ←————————————— 置于第 2 行
[2,] . . |          ←————————————— 置于第 3 行
[3,] | . .          ←————————————— 置于第 1 行
```

先看最后的信息"$P"，它先将矩阵 A 进行了行（row）的变换之后才进行分解：

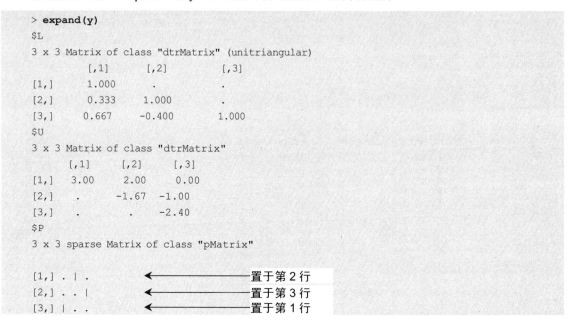

$$A = \begin{pmatrix} 1 & -1 & -1 \\ 2 & 1 & -2 \\ 3 & 2 & 0 \end{pmatrix}$$

$$\rightarrow \begin{pmatrix} 3 & 2 & 0 \\ 1 & -1 & -1 \\ 2 & 1 & -2 \end{pmatrix} = \begin{pmatrix} 1 & 0 & 0 \\ 0.333 & 1 & 0 \\ 0.667 & -0.400 & 1 \end{pmatrix} \cdot \begin{pmatrix} 3 & 2 & 0 \\ 0 & -1.67 & -1 \\ 0 & 0 & -2.40 \end{pmatrix}$$

验证如下：

```
> expand(y)$L %*% expand(y)$U
3 x 3 Matrix of class "dgeMatrix"
    [,1] [,2] [,3]
[1,] 3    2    0
[2,] 1    -1   -1
[3,] 2    2    -2
```

6.3 矩阵计算范例

在本节将介绍几个常见的矩阵应用范例供读者参考。

6.3.1 矩阵的 N 次方

一个线性变换可以表示为矩阵的形式，如果需要反复地进行叠加计算，就会形成矩阵的 N 次方类型，例如：

$x_2 = Ax_1,$

$x_3 = Ax_2,$

$\cdots$

$x_{n+1} = Ax_n$

可以推得：$x_{n+1} = Ax_n = A(Ax_{n-1}) = \ldots A^n x$。

在这类模型下，我们需要计算矩阵的 N 次方。在 R 中，可以安装并加载函数库"expm"，然后使用"%^%"语句来计算矩阵的次方。

```
> install.packages("expm")
> library(expm)
Loading required package: Matrix

Attaching package: 'expm'
```

我们定义一个矩阵：

$$A = \begin{pmatrix} 0 & -2 & -3 \\ 1 & 3 & 3 \\ 0 & 0 & 1 \end{pmatrix}$$

```
> A<-matrix(c(0,1,0,-2,3,0,-3,3,1),nrow=3)
> A
     [,1] [,2] [,3]
[1,] 0    -2   -3
[2,] 1    3    3
[3,] 0    0    1
```

接着使用 $A \cdot A$（语句为 A %*% A）与 A^2（语句为 A %^% 2）分别计算结果：

```
> A %*% A
     [,1] [,2] [,3]
[1,] -2   -6   -9
[2,] 3    7    9
[3,] 0    0    1
> A %^% 2
     [,1] [,2] [,3]
[1,] -2   -6   -9
[2,] 3    7    9
[3,] 0    0    1
```

两者结果确实相同。接着就可以轻松地使用"%^%"来计算矩阵的 N 次方了，例如计算 A 的 4 次方，结果如下：

```
> A %^% 4
     [,1] [,2] [,3]
```

```
[1,] -14  -30  -45
[2,]  15   31   45
[3,]   0    0    1
```

6.3.2 Fibonacci 数列

Fibonacci 数列（斐波拉契数列）是自然界常见的数列，与黄金分割成比例的关系，这个数列的定义如下：

$a_1 = a_2 = 1$,

$a_{n+1} = a_n + a_{n-1}$, $n \geqslant 3$

在 R 语言中，如果要定义这样的数列，可将该数列存为数组 fib，并定义数列的元素个数，范例如下：

```
len <- 8
fib <- numeric(len) fib[1] <- 1
fib[2] <- 1
for (i in 3:len) {
fib[i] <- fib[i-1]+fib[i-2]
}
```

上面的 len 代表斐波拉契数列的元素个数为 8，直接在 R 中执行后，输入 fib 即可把数列显示出来：

```
> len <- 8
> fib <- numeric(len)
> fib[1] <- 1
> fib[2] <- 1
> for (i in 3:len) {
+    fib[i] <- fib[i-1]+fib[i-2]
+ }
> fib
[1]  1  1  2  3  5  8 13 21
```

事实上，这个数列可以表示为矩阵的形式，只需要在第二行加上一条恒等式即可：

$$\begin{cases} a_{n+1} = a_n + a_{n-1} \\ a_n = a_n \end{cases}$$

可得到：$\begin{pmatrix} a_{n+1} \\ a_n \end{pmatrix} = \begin{pmatrix} 1 & 1 \\ 1 & 0 \end{pmatrix} \begin{pmatrix} a_n \\ a_{n-1} \end{pmatrix} = \begin{pmatrix} 1 & 1 \\ 1 & 0 \end{pmatrix}^2 \begin{pmatrix} a_{n-1} \\ a_{n-2} \end{pmatrix} = ... = \begin{pmatrix} 1 & 1 \\ 1 & 0 \end{pmatrix}^{n-1} \begin{pmatrix} 1 \\ 1 \end{pmatrix}$

所以我们可以使用矩阵的 N 次方来计算斐波拉契数列，例如第 8 个斐波拉契数列可表示为 $\begin{pmatrix} a_9 \\ a_8 \end{pmatrix} = \begin{pmatrix} 1 & 1 \\ 1 & 0 \end{pmatrix}^7 \begin{pmatrix} 1 \\ 1 \end{pmatrix}$，在 R 中的计算如下：

```
> A<-matrix(c(1,1,1,0),nrow=2)
> A
   [,1] [,2]
```

```
[1,] 1    1
[2,] 1    0
> A %^% 7 %*% c(1,1)
      [,1]
[1,] 34
[2,] 21
```

其中，第 8 个斐波拉契数列为 21。

6.3.3 特征向量的中心性

在图论与网络分析理论中会探讨中心性（centrality）这个名词，数值越高代表与其他人的关联性越强，影响力越大。中心性有许多评估与计算的方式，其中一项便是特征向量的中心性（eigenvector centrality），下面将介绍如何在 R 中使用矩阵进行计算。

假设一个环境中有 7 个对象，分别标记为 1~7，如果两者有关联，就在两者之间画一条连线，否则不画，如图 6-5 所示。

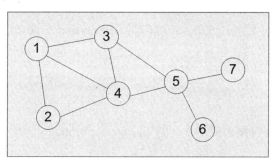

图 6-5

接着定义一个矩阵 A：如果 m 与 n 之间有连线，那么 $a_{m,n} = a_{n,m} = 1$，否则为 0，范例如下：

$$A = \begin{pmatrix} 0 & 1 & 1 & 1 & 0 & 0 & 0 \\ 1 & 0 & 0 & 1 & 0 & 0 & 0 \\ 1 & 0 & 0 & 1 & 1 & 0 & 0 \\ 1 & 1 & 1 & 0 & 1 & 0 & 0 \\ 0 & 0 & 1 & 1 & 0 & 1 & 1 \\ 0 & 0 & 0 & 0 & 1 & 0 & 0 \\ 0 & 0 & 0 & 0 & 1 & 0 & 0 \end{pmatrix}$$

接着将这个矩阵写入 R 中，范例如下：

```
> A<-matrix(c(0,1,1,1,0,0,0,1,0,0,1,0,0,0,1,0,0,1,1,0,0,1,
1,1,0,1,0,0,0,0,1,1,0,1,1,0,0,0,0,1,0,0,0,0,0,1,0,0),nrow=7)
> A
     [,1] [,2] [,3] [,4] [,5] [,6] [,7]
[1,] 0    1    1    1    0    0    0
[2,] 1    0    0    1    0    0    0
[3,] 1    0    0    1    1    0    0
[4,] 1    1    1    0    1    0    0
[5,] 0    0    1    1    0    1    1
```

```
[6,]0    0    0    0    1    0    0
[7,]0    0    0    0    1    0    0
```

为了让数据易于阅读，我们只计算到小数点后三位的 eigenvector，范例如下：

```
> options( digits=3 )
> eigen(A)
$values
[1]  3.03e+00  1.32e+00  0.00e+00 -4.44e-16 -8.06e-01 -1.55e+00 -2.00e+00
$vectors
         [,1]    [,2]     [,3]     [,4]      [,5]     [,6]     [,7]
[1,] -0.433  0.3818  0.00e+00  2.56e-16  0.658  0.3505  3.33e-01
[2,] -0.320  0.3950  7.31e-17 -6.32e-01 -0.137 -0.5685  2.22e-16
[3,] -0.457 -0.0305 -6.63e-17  6.32e-01  0.155 -0.5048 -3.33e-01
[4,] -0.537  0.1397 -6.76e-18  0.00e+00 -0.548  0.5303 -3.33e-01
[5,] -0.419 -0.5618  3.38e-18 -1.11e-16 -0.235 -0.0988  6.67e-01
[6,] -0.138 -0.4255 -7.07e-01 -3.16e-01  0.291  0.0637 -3.33e-01
[7,] -0.138 -0.4255  7.07e-01 -3.16e-01  0.291  0.0637 -3.33e-01
```

我们取 eigenvalue 最大者：3.03 所对应的 eigenvector，取出一组全为正的数值（由 Perron–Frobenius 定理得知必然存在）：

$$\begin{pmatrix} 0.433 \\ 0.320 \\ 0.457 \\ 0.537 \\ 0.419 \\ 0.138 \\ 0.138 \end{pmatrix}$$，这组向量分别对应 1~7 号的 eigenvector centrality。

换言之，1 的中心性为 0.433，2 的中心性为 0.320，3 的中心性为 0.457，4 的中心性为 0.537，5 的中心性为 0.419，6 的中心性为 0.138，7 的中心性为 0.138，如图 6-6 所示。

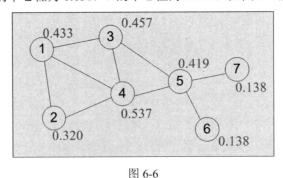

图 6-6

6.4 微分方程组范例

微分方程是数学的一个重要应用领域，在物理、化学、生物、天文、金融等领域经常看到其踪影。由于微分代表的是变化量，因此只要与变化量有关的等式，就可以表示为微分方程式。

本节将介绍两个微分方程式，使用 R 进行数值计算并绘制图形。

6.4.1　常微分方程式

一个有变量的等式称为方程式，其中带有微分符号的方程式称为微分方程式。在微分方程中，对一个变量微分称为常微分方程，对多个变量微分称为偏微分方程。

在应用科学中，常微分方程的变量通常为空间（X、Y、Z）加上时间（t），其中 X、Y、Z 为时间的函数，意思为 X(t)、Y(t)、Z(t)，微分的变量为时间（t），代表变化率，表示为 X'(t)、Y'(t)、Z'(t) 或 $\dfrac{dX}{dt}$、$\dfrac{dY}{dt}$、$\dfrac{dZ}{dt}$。

劳伦兹（Lorenz）方程式是由提供者劳伦兹命名的常微分方程组，于 1963 年发表，是由大气方程简化而来的。这个方程可应用于气候与天体运行，甚至也出现在激光与发电机的简化模型中，其中的参数在某些范围时为稳定状态，在某些范围时会出现混沌状态，是一个相当有趣的范例。方程式如下：

$$
\begin{cases}
\dfrac{dX}{dt} = aX + YZ \\[2mm]
\dfrac{dY}{dt} = b(Y - Z) \\[2mm]
\dfrac{dZ}{dt} = -XY + cY - Z
\end{cases}
$$

其中，a、b、c 为特定参数，在某些特定数值中可以观察到一些现象。下面将通过 R 语言的"deSolve"软件包来进行数值计算，并使用"scatterplot3d"软件包进行 3D 图形的绘制。

进入 R 之后，执行以下两行指令来安装软件包：

install.packages("deSolve") install.packages("scatterplot3d")

安装后，加载这两个软件包并定义 Lorenz 函数，范例如下：

```
library(deSolve) library(scatterplot3d)

Lorenz <- function(t, state, parameters) { with(as.list(c(state, parameters)), {
dX <- a * X + Y * Z dY <- b * (Y - Z)
dZ <- -X * Y + c * Y - Z
list(c(dX, dY, dZ))
})
}

state <- c(X = 1, Y = 1, Z = 1)
```

在参数部分，定义 a=-8/3、b=-10、c=10，时间从 0 开始，间隔为 0.01，直到 100 结束。定义后，调用 ode 函数即可得到给定区间的解（X、Y、Z 值），并使用 plot 绘出 X 轴与时间 t、Y 轴与时间 t、Z 轴与时间 t 三个切面的图形，最后使用 scatterplot3d 函数绘出三维图形。程序代码如下：

```
parameters <- c(a = -8/3, b = -10, c = 10) times <- seq(0, 100, by = 0.01)
out <- ode(y = state, times = times, func = Lorenz, parms = parameters) plot(out,col='blue')
```

```
scatterplot3d(out[,-1], type = "l", color='red')
```

当 c=10 时，这是一个稳定平衡的系统，最后收敛到一个固定的点，上面的程序执行后结果如图 6-7 所示。

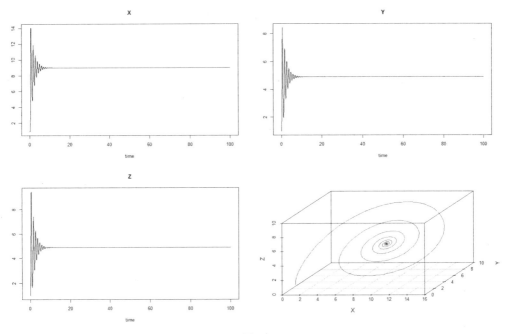

图 6-7

如果将 c=10 改为 28，就是一个混沌的系统，我们将时间调小为 10，看看解的路径，程序代码如下：

```
parameters <- c(a = -8/3, b = -10, c = 28)  times <- seq(0, 10, by = 0.01)
out <- ode(y = state, times = times, func = Lorenz, parms = parameters)  plot(out,col='blue')
scatterplot3d(out[,-1], type = "l", color='red')
```

执行后的结果如图 6-8 所示。

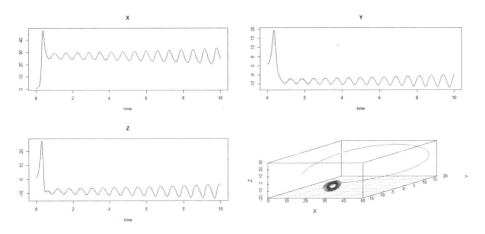

图 6-8

在相同的系统中，如果将时间调大为 100，看看解的路径后续的延伸变化，程序代码如下：

```
parameters <- c(a = -8/3, b = -100, c = 28)  times <- seq(0, 10, by = 0.01)
out <- ode(y = state, times = times, func = Lorenz, parms = parameters)  plot(out,col='blue')
scatterplot3d(out[,-1], type = "l", color='red')
```

执行后结果如图 6-9 所示。

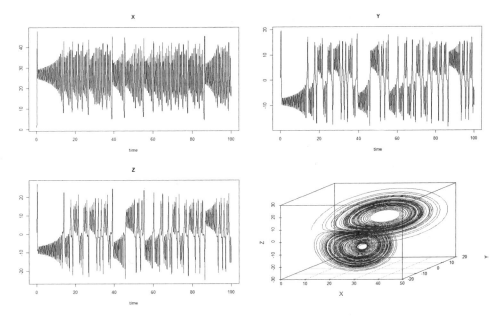

图 6-9

由图 6-9 可知：这个解的范围落在固定范围之内，但不会收敛到固定的点或周期点，并且几乎会覆盖某些区域的所有点，近似一个混沌系统的性质。

6.4.2 边界值问题

在微分方程中，边界值问题限定了边界条件的方程组，可以通过一些数值方法求取近似解。在物理学中经常遇到边界值问题，如波动方程、拉普拉斯方程等。在这里，我们将示范计算特定范围的边界值问题。

已知一个二次微分方程式：

$$y'' = \frac{d^2 y}{dt^2} = \frac{-3py}{(p+t^2)^2}$$

可以令 $y_1=y$、$y_2=y'=y1'$，得到：

$$\begin{cases} \dfrac{dy_1}{dt} = y_2 \\ \dfrac{dy_2}{dt} = \dfrac{-3py_1}{(p+t^2)^2} \end{cases}$$

接着通过"bvpSolve"软件包来求解。首先安装软件包：

install.packages("bvpSolve")

接着加载软件包并定义函数：

```
library("bvpSolve")
fun <- function(t, y, pars) { dy1 <- y[2]
dy2 <- - 2 * p * y[1] / (p+3*t*t)^2 return(list(c(dy1,dy2)))
}
```

定义参数 p、初始值 init 与结束值 end：

```
p <- 0.05
init <- c(-0.1 / sqrt(p+0.01), NA) end <- c( 0.1 / sqrt(p+0.01), NA)
```

调用 bvpcol 求解并将解定义为变量 sol：

```
sol <- bvpcol(yini = init, yend = end, x = seq(-0.1, 0.1, by = 0.001), func = fun)
```

将 sol 绘出：

```
plot(sol)
```

图形如图 6-10 所示。

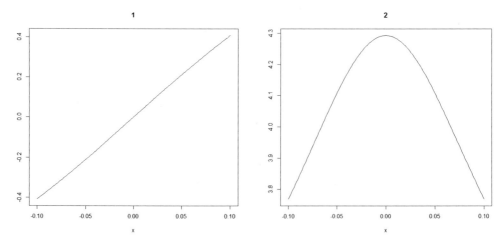

图 6-10

使用函数列出解的诊断：

```
> diagnostics(sol)

--------------------
solved with  bvpcol
--------------------
Integration was successful.

The return code     : 1
The number of function evaluations    : 741
```

```
The number of jacobian evaluations      : 140
The number of boundary evaluations       : 14
The number of boundary jacobian evaluations       : 6
The number of steps: 7
The actual number of mesh points : 20
The number of collocation points per subinterval      : 4
The number of equations : 2
The number of components (variables)    : 2
```

第 7 章　统计模型的建构与分析

统计是介于人文科学与自然科学之间的学科，往往更偏于人文一些。统计分析需要引用大量的数据进行研究分析，因此使用计算机辅助工具是十分必要的。R 语言本身就是为统计而设计的程序设计语言，拥有丰富且完备的函数可供我们调用。

7.1　概率函数的应用

概率是统计领域的基本知识，概率本身是 0~1 之间的一个实数，代表对于某个事件发生的可能性的一个量化单位。在本节中将介绍概率函数的应用实例，让读者了解 R 在概率上可用的函数。

7.1.1　一般概率的计算

本小节通过 R 语言来介绍一些一般的概率问题。首先，投掷一枚硬币，正面朝上或背面朝上的概率各是 50%，因为正面和背面各自只有一面，所以 1/2＝0.5。

如果同时投掷两枚硬币，那么两枚硬币都正面朝上的概率是 25%，因为一枚硬币有 50%的概率正面朝上，两枚就是 50%乘以 50%，也就是 25%。换言之，当投掷两枚硬币时，可能会产生 4 种情况，分别是正正、正反、反正、反反，所以出现每种情况的概率是 1/4，也就是 25%。

同时投掷三枚硬币，三枚同时正面朝上的概率为 12.5%，因为可能产生的情况为 8 种，所以概率为 1/8。在 R 语言中，直接通过除法就能计算硬币正反面发生的概率：

```
# 投掷一枚硬币
> 1/2
[1] 0.5
# 投掷两枚硬币
> 1/4
[1] 0.25
# 投掷三枚硬币
> 1/8
[1] 0.125
```

7.1.2　概率分布

概率分布是概率理论中的一个概念，分为离散分布以及连续分布，其中离散分布最常使用的方式为二项分布（二项式分布）。本节将介绍正态分布以及二项分布。

在 R 语言中，概率函数作用的函数代号分为 4 个：d（分布的密度函数）、p（分布的累积概率密度函数)、q(分布的分位数函数)、r(产生分布的随机变量)。在正态分布中,常用的函数有 dnorm、pnorm、qnorm、rnorm,下面将分别介绍这 4 个函数的用法。

❖ dnorm——计算正态分布的概率密度函数

语法:dnorm(x)

其中的自变量及功能见表 7-1。

表7-1

自变量	功能
x, q	向量
p	概率
n	产生随机数的个数
mean	均值
sd	标准偏差
log	逻辑判断,是否提供 log 对数值,即是否返回对数分布

以下为该函数用法的范例:

```
> x <- rnorm(100)
> x
  [1]  0.198673606  0.019654678 -0.813857837 -1.239546113  0.822836656
  [6]  1.828593402  0.109993857  0.093048345 -0.719656680  1.388419977
 [11]  1.020582520  1.875702053 -0.025884797  0.209685099 -1.767387853
 [16]  1.044845223 -0.081273173 -1.120567748 -0.901887491 -1.323481487
 [21] -1.223697951  2.297560991 -0.063786445 -0.823647397 -0.812629934
 [26]  0.598073778  0.736170685 -0.025023846  0.323635148  1.020512716
 [31] -0.358187021 -1.497159363 -2.265472892  0.311970372  1.289251300
 [36] -0.742910796 -0.962523436 -1.047638643 -0.048032778  0.226321887
 [41] -0.639612391  0.808548385 -0.917505578  0.129120985  0.405740475
 [46] -0.012471400 -0.557949637  0.033461069  0.321814959 -1.051046262
 [51] -1.144478908 -1.245586090 -0.418382210  1.671328521 -1.081936082
 [56] -1.175482524  0.948914211 -0.967725086 -0.143255268 -1.042612429
 [61] -0.676718644  0.076930632  0.760867430 -0.962037715 -0.009151247
 [66] -0.062630025  0.149399664  2.024044038  0.762950038 -0.259516468
 [71]  0.578084138 -0.047898832 -0.014639645  1.214914920  0.940328948
 [76] -0.827256228  1.512477091  0.493965411  0.070356785 -0.613493171
 [81] -0.916567559  1.216699438 -0.101382343 -0.609301132  0.076543688
 [86] -0.267234484 -1.273175250  0.656390225 -0.264527532 -1.077183591
 [91]  0.118483333  0.917706563  0.390770951  0.039191557 -0.832905716
 [96]  1.163811737 -0.593225978  1.553704011 -0.556800312  0.512921425
> dnorm(x)
  [1] 0.39114610 0.39886523 0.28647018 0.18504138 0.28437297 0.07495889
  [7] 0.39653623 0.39721899 0.30792735 0.15216443 0.23699106 0.06869577
 [13] 0.39880865 0.39026767 0.08367890 0.23112668 0.39762688 0.21293367
 [19] 0.26563315 0.16617063 0.18868867 0.02848631 0.39813152 0.28418324
 [25] 0.28675639 0.33360933 0.30424798 0.39881739 0.37858737 0.23700794
 [31] 0.37415411 0.13007012 0.03065001 0.37999344 0.17376995 0.30273521
 [37] 0.25103467 0.23045218 0.39848234 0.38885478 0.32514289 0.28770668
```

[43] 0.26188579	0.39563047	0.36741944	0.39891126	0.34143689 0.39871901
[49] 0.37880983	0.22962961	0.20724481	0.18365783	0.36551046 0.09870615
[55] 0.22218801	0.19992397	0.25432110	0.24977758	0.39486965 0.23166594
[61] 0.31729841	0.39776349	0.29867533	0.25115203	0.39892558 0.39816062
[67] 0.39451478	0.05144121	0.29820178	0.38573181	0.33755421 0.39848490
[73] 0.39889953	0.19072023	0.25639199	0.28333794	0.12710624 0.35312279
[79] 0.39795610	0.33050765	0.26211116	0.19030689	0.39689730 0.33135583
[85] 0.39777530	0.38494852	0.17738618	0.32162706	0.38522568 0.22333089
[91] 0.39615185	0.26183750	0.36961642	0.39863601	0.28201233 0.20267179
[97] 0.33457405	0.11932116	0.34165568	0.34976887	

❖ pnorm——计算正态分布的累积概率密度函数

语法：pnorm(x)

其中的自变量及功能见表 7-2。

表7-2

自变量	功能
x, q	向量
p	概率
n	产生随机数的个数
mean	均值
sd	标准偏差
log	逻辑判断，是否提供 log 对数值，即是否返回对数分布

以下为该函数用法的范例：

```
> x <- rnorm(100)
> x
 [1]  0.198673606   0.019654678  -0.813857837  -1.239546113   0.822836656
 [6]  1.828593402   0.109993857   0.093048345  -0.719656680   1.388419977
[11]  1.020582520   1.875702053  -0.025884797   0.209685099  -1.767387853
[16]  1.044845223  -0.081273173  -1.120567748  -0.901887491  -1.323481487
[21] -1.223697951   2.297560991  -0.063786445  -0.823647397  -0.812629934
[26]  0.598073778   0.736170685  -0.025023846   0.323635148   1.020512716
[31] -0.358187021  -1.497159363  -2.265472892   0.311970372   1.289251300
[36] -0.742910796  -0.962523436  -1.047638643  -0.048032778   0.226321887
[41] -0.639612391   0.808548385  -0.917505578   0.129120985   0.405740475
[46] -0.012471400  -0.557949637   0.033461069   0.321814959  -1.051046262
[51] -1.144478908  -1.245586090  -0.418382210   1.671328521  -1.081936082
[56] -1.175482524   0.948914211  -0.967725086  -0.143255268  -1.042612429
[61] -0.676718644   0.076930632   0.760867430  -0.962037715  -0.009151247
[66] -0.062630025   0.149399664   2.024044038   0.762950038  -0.259516468
[71]  0.578084138  -0.047898832  -0.014639645   1.214914920   0.940328948
[76] -0.827256228   1.512477091   0.493965411   0.070356785  -0.613493171
[81] -0.916567559   1.216699438  -0.101382343  -0.609301132   0.076543688
[86] -0.267234484  -1.273175250   0.656390225  -0.264527532  -1.077183591
[91]  0.118483333   0.917706563   0.390770951   0.039191557  -0.832905716
[96]  1.163811737  -0.593225978   1.553704011  -0.556800312   0.512921425
> dnorm(x)
 [1]  0.57874096   0.50784058   0.20786320   0.10757166   0.79469956   0.96626973
```

[7] 0.54379288	0.53706742	0.23586820	0.91749540	0.84627386	0.96965190
[13] 0.48967461	0.58304327	0.03858165	0.85195275	0.46761235	0.13123595
[19] 0.18355832	0.09283765	0.11053310	0.98920661	0.47457014	0.20506997
[25] 0.20821513	0.72510465	0.76918658	0.49001797	0.62689286	0.84625732
[31] 0.36010168	0.06717590	0.01174184	0.62246848	0.90134463	0.22876784
[37] 0.16789337	0.14740256	0.48084506	0.58952446	0.26121231	0.79061252
[43] 0.17943889	0.55136904	0.65753335	0.49502476	0.28843939	0.51334654
[49] 0.62620356	0.14661867	0.12621254	0.10645820	0.33783385	0.95267160
[55] 0.13964047	0.11990086	0.82866788	0.16659084	0.44304429	0.14856392
[61] 0.24929224	0.53066064	0.77663187	0.16801533	0.49634923	0.47503056
[67] 0.55938086	0.97851719	0.77725340	0.39761839	0.71839634	0.48089844
[73] 0.49415984	0.88780073	0.82647557	0.20404592	0.93479373	0.68933470
[79] 0.52804516	0.26977515	0.17968465	0.88814070	0.45962348	0.27116243
[85] 0.53050672	0.39464431	0.10147793	0.74421346	0.39568673	0.14069913
[91] 0.54715765	0.82061374	0.65201673	0.51563117	0.20244895	0.87774984
[97] 0.27651496	0.93987248	0.28883194	0.69599686		

❖ qnorm——计算正态分布的分位数函数

语法：qnorm(x)

其中的自变量及功能见表 7-3。

表7-3

自变量	功能
x, q	向量
p	概率
n	产生随时数的个数
mean	均值
sd	标准偏差
log	逻辑判断，是否提供 log 对数值，即是否返回对数分布

以下为该函数用法的范例：

```
> x <- rnorm(100)
> x
  [1]  0.198673606  0.019654678 -0.813857837 -1.239546113  0.822836656
  [6]  1.828593402  0.109993857  0.093048345 -0.719656680  1.388419977
 [11]  1.020582520  1.875702053 -0.025884797  0.209685099 -1.767387853
 [16]  1.044845223 -0.081273173 -1.120567748 -0.901887491 -1.323481487
 [21] -1.223697951  2.297560991 -0.063786445 -0.823647397 -0.812629934
 [26]  0.598073778  0.736170685 -0.025023846  0.323635148  1.020512716
 [31] -0.358187021 -1.497159363 -2.265472892  0.311970372  1.289251300
 [36] -0.742910796 -0.962523436 -1.047638643 -0.048032778  0.226321887
 [41] -0.639612391  0.808548385 -0.917505578  0.129120985  0.405740475
 [46] -0.012471400 -0.557949637  0.033461069  0.321814959 -1.051046262
 [51] -1.144478908 -1.245586090 -0.418382210  1.671328521 -1.081936082
 [56] -1.175482524  0.948914211 -0.967725086 -0.143255268 -1.042612429
 [61] -0.676718644  0.076930632  0.760867430 -0.962037715 -0.009151247
 [66] -0.062630025  0.149399664  2.024044038  0.762950038 -0.259516468
 [71]  0.578084138 -0.047898832 -0.014639645  1.214914920  0.940328948
 [76] -0.827256228  1.512477091  0.493965411  0.070356785 -0.613493171
```

```
[81] -0.916567559   1.216699438   -0.101382343   -0.609301132   0.076543688
[86] -0.267234484   -1.273175250   0.656390225   -0.264527532   -1.077183591
[91] 0.118483333   0.917706563   0.390770951   0.039191557   -0.832905716
[96] 1.163811737   -0.593225978   1.553704011   -0.556800312   0.512921425
> qnorm(pnorm(x))
 [1] 0.198673606   0.019654678   -0.813857837   -1.239546113   0.822836656
 [6] 1.828593402   0.109993857   0.093048345   -0.719656680   1.388419977
[11] 1.020582520   1.875702053   -0.025884797   0.209685099   -1.767387853
[16] 1.044845223   -0.081273173   -1.120567748   -0.901887491   -1.323481487
[21] -1.223697951   2.297560991   -0.063786445   -0.823647397   -0.812629934
[26] 0.598073778   0.736170685   -0.025023846   0.323635148   1.020512716
[31] -0.358187021   -1.497159363   -2.265472892   0.311970372   1.289251300
[36] -0.742910796   -0.962523436   -1.047638643   -0.048032778   0.226321887
[41] -0.639612391   0.808548385   -0.917505578   0.129120985   0.405740475
[46] -0.012471400   -0.557949637   0.033461069   0.321814959   -1.051046262
[51] -1.144478908   -1.245586090   -0.418382210   1.671328521   -1.081936082
[56] -1.175482524   0.948914211   -0.967725086   -0.143255268   -1.042612429
[61] -0.676718644   0.076930632   0.760867430   -0.962037715   -0.009151247
[66] -0.062630025   0.149399664   2.024044038   0.762950038   -0.259516468
[71] 0.578084138   -0.047898832   -0.014639645   1.214914920   0.940328948
[76] -0.827256228   1.512477091   0.493965411   0.070356785   -0.613493171
[81] -0.916567559   1.216699438   -0.101382343   -0.609301132   0.076543688
[86] -0.267234484   -1.273175250   0.656390225   -0.264527532   -1.077183591
[91] 0.118483333   0.917706563   0.390770951   0.039191557   -0.832905716
[96] 1.163811737   -0.593225978   1.553704011   -0.556800312   0.512921425
```

rnorm 产生正态分布的随机变量会在 7.1.3 小节中详细介绍。在二项分布中，常用的函数有 dbinom、pbinom、qbinom、rbinom，以下分别介绍。

❖ dbinom——计算二项分布的密度函数

语法：dbinom(x)

其中的自变量及功能见表 7-4。

表7-4

自变量	功能
x, q	向量
p	概率
n	产生随机数的个数
size	次数
prob	概率
log	逻辑判断，是否提供 log 对数值，即是否返回对数分布

以下为该函数用法的范例：

```
> dbinom(1:100, 100, 0.5)
 [1] 7.888609e-29 3.904861e-27 1.275588e-25 3.093301e-24 5.939138e-23
 [6] 9.403635e-22 1.262774e-20 1.467975e-19 1.500596e-18 1.365543e-17
[11] 1.117262e-16 8.286361e-16 5.609229e-15 3.485735e-14 1.998488e-13
[16] 1.061697e-12 5.246031e-12 2.419003e-11 1.043991e-10 4.228163e-10
```

```
[21] 1.610729e-09 5.783981e-09 1.961524e-08 6.293223e-08 1.913140e-07
[26] 5.518672e-07 1.512525e-06 3.943369e-06 9.790433e-06 2.317069e-05
[31] 5.232091e-05 1.128170e-04 2.324713e-04 4.581053e-04 8.638557e-04
[36] 1.559739e-03 2.697928e-03 4.472880e-03 7.110732e-03 1.084387e-02
[41] 1.586907e-02 2.229227e-02 3.006864e-02 3.895256e-02 4.847430e-02
[46] 5.795840e-02 6.659050e-02 7.352701e-02 7.802866e-02 7.958924e-02
[51] 7.802866e-02 7.352701e-02 6.659050e-02 5.795840e-02 4.847430e-02
[56] 3.895256e-02 3.006864e-02 2.229227e-02 1.586907e-02 1.084387e-02
[61] 7.110732e-03 4.472880e-03 2.697928e-03 1.559739e-03 8.638557e-04
[66] 4.581053e-04 2.324713e-04 1.128170e-04 5.232091e-05 2.317069e-05
[71] 9.790433e-06 3.943369e-06 1.512525e-06 5.518672e-07 1.913140e-07
[76] 6.293223e-08 1.961524e-08 5.783981e-09 1.610729e-09 4.228163e-10
[81] 1.043991e-10 2.419003e-11 5.246031e-12 1.061697e-12 1.998488e-13
[86] 3.485735e-14 5.609229e-15 8.286361e-16 1.117262e-16 1.365543e-17
[91] 1.500596e-18 1.467975e-19 1.262774e-20 9.403635e-22 5.939138e-23
[96] 3.093301e-24 1.275588e-25 3.904861e-27 7.888609e-29 7.888609e-31
> dbinom(46:54, 100, 0.5)
[1] 0.05795840 0.06659050 0.07352701 0.07802866 0.07958924 0.07802866 0.07352701
[8] 0.06659050 0.05795840
```

❖ pbinom——计算二项分布的累积概率密度函数

语法：pbinom(x)

其中的自变量及功能见表 7-5。

表7-5

自变量	功能
x, q	向量
p	概率
n	产生随机数的个数
size	次数
prob	概率
log	逻辑判断，是否提供 log 对数值，即是否返回对数分布

以下为该函数用法的范例：

```
> pbinom(1:100, 100, 0.5)
[1]  7.967495e-29 3.984536e-27 1.315433e-25 3.224844e-24 6.261623e-23
[6]  1.002980e-21 1.363072e-20 1.604282e-19 1.661024e-18 1.531645e-17
[11] 1.270427e-16 9.556788e-16 6.564908e-15 4.142226e-14 2.412711e-13
[16] 1.302968e-12 6.548999e-12 3.073903e-11 1.351381e-10 5.579545e-10
[21] 2.168683e-09 7.952664e-09 2.756790e-08 9.050013e-08 2.818141e-07
[26] 8.336813e-07 2.346206e-06 6.289575e-06 1.608001e-05 3.925070e-05
[31] 9.157161e-05 2.043886e-04 4.368599e-04 8.949652e-04 1.758821e-03
[36] 3.318560e-03 6.016488e-03 1.048937e-02 1.760010e-02 2.844397e-02
[41] 4.431304e-02 6.660531e-02 9.667395e-02 1.356265e-01 1.841008e-01
[46] 2.420592e-01 3.086497e-01 3.821767e-01 4.602054e-01 5.397946e-01
[51] 6.178233e-01 6.913503e-01 7.579408e-01 8.158992e-01 8.643735e-01
[56] 9.033260e-01 9.333947e-01 9.556870e-01 9.715560e-01 9.823999e-01
[61] 9.895106e-01 9.939835e-01 9.966814e-01 9.982412e-01 9.991050e-01
[66] 9.995631e-01 9.997956e-01 9.999084e-01 9.999607e-01 9.999839e-01
```

[71] 9.999937e-01	9.999977e-01	9.999992e-01	9.999997e-01	9.999999e-01
[76] 1.000000e+00	1.000000e+00	1.000000e+00	1.000000e+00	1.000000e+00
[81] 1.000000e+00	1.000000e+00	1.000000e+00	1.000000e+00	1.000000e+00
[86] 1.000000e+00	1.000000e+00	1.000000e+00	1.000000e+00	1.000000e+00
[91] 1.000000e+00	1.000000e+00	1.000000e+00	1.000000e+00	1.000000e+00
[96] 1.000000e+00	1.000000e+00	1.000000e+00	1.000000e+00	1.000000e+00

❖ qbinom——计算二项分布的分位数函数

语法：qbinom(x)

其中的自变量及功能见表 7-6。

表7-6

自变量	功能
x, q	向量
p	概率
n	产生随机数的个数
size	次数
prob	概率
log	逻辑判断，是否提供 log 对数值，即是否返回对数分布

以下为该函数用法的范例：

```
> qbinom(0.1, 10, 1/3)
[1] 1
> qbinom(seq(0.1, 0.9, 0.1), 10, 1/3)
[1] 1 2 3 3 3 4 4 5 5
```

rnorm 产生正态分布的随机变量会在 7.1.3 小节中详细介绍。

7.1.3　随机变量

随机变量是一个以样本空间为定义域、值域为实数值的函数。以掷两个硬币为例，每个硬币可能出现正面（以+表示）或反面（以-表示），因此两个硬币可能的情况有：{++, +-, -+, --}，如果将随机变量 X 定义为出现正面的次数，那么可得到以下结果：

$$\begin{cases} X\,(++) = 2 \\ X\,(+\text{-}) = X\,(\text{-}+) = 1 \\ X\,(\text{--}) = 0 \end{cases}$$

可以得知随机变量为{0, 1, 2}。

本小节将介绍均匀分布、正态分布、二项概率分布下所产生的随机变量。

❖ runif——均匀分布随机变量

语法：runif(x)

其中的自变量及功能见表 7-7。

表7-7

自变量	功能
x	数量
min	最小值
max	最大值

runif 函数默认最小值、最大值分别为 0 和 1，runif 函数使用范例如下：

```
> runif(1,0,1)          # 产生 1 个随机变量
[1] 0.6556858
> runif(10,0,1)         产生 10 个随机变量
[1] 0.76358347 0.34506645 0.23306956 0.10134577 0.05781724 0.94438443
[7] 0.90880557 0.46495604 0.03084006 0.22955294
> runif(10,0.7,1)       # 产生最小为0.7 的随机变量
[1] 0.7476461 0.9326863 0.7065219 0.8248454 0.8979591 0.9617275 0.8558071
[8] 0.7005335 0.8622582 0.9337771
> runif(15)             # 预设范围为0~1
[1] 0.7207816 0.5046473 0.5235592 0.6503549 0.6363787 0.4652129 0.5190765
[8] 0.9739671 0.1239235 0.5555588 0.5858123 0.4441327 0.7989371 0.5816420
[15] 0.5650734
```

❖ rnorm——正态分布随机变量

语法：rnorm(n)

其中的自变量及功能见表 7-8。

表7-8

自变量	功能
n	数量
mean	数据的均值
var	方差斜方差矩阵
iambda	预计总数
x	采样空间向量

在 rnorm 函数中，mean 参数默认为 0，该函数用法的范例如下：

```
> rnorm(10)
[1] 0.5193381  0.4674470 -0.1987602  2.7229662  0.6304065 -1.3810838
[7] 0.9726601 -0.7925766  0.4103799 -0.8710914
> rnorm(10,mean=1)
[1] 2.95563941 2.09181187 1.05918604 -0.37960268 0.79739094 1.04674727
[7] -0.02992514 1.46908189 2.06592787 -0.01856549
```

❖ rbinom——二项概率随机变量

语法：rbinom(n)

其中的自变量及功能见表 7-9。

表7-9

自变量	功能
n	样本数量
size	测试数
prob	每次测试的概率
lb	分布的最小值
ub	分布的最大值

以下为使用 rbinom 函数的范例：

```
> rbinom(20,size=10,prob=0.3)
 [1] 2 4 2 2 2 2 3 3 2 1 1 2 4 4 2 2 1 2 3 2
> rbinom(20,size=360,prob=0.3)  # 概率为 0.3
 [1] 105  91 122  78 121  98 117  95 102 106 127 109 113 104 111 116 111 116 105
[20] 122
> rbinom(20,size=360,prob=0.8)  # 概率为 0.8
 [1] 285 286 287 276 295 277 287 299 286 277 273 286 296 270 297 288 295 291 283
[20] 290
```

7.2 统计函数的应用

本小节将介绍常用的统计函数。

7.2.1 基本统计的计算

❖ summary——汇总数据统计量

语法：summary(x)

其中的自变量及功能见表 7-10。

表7-10

自变量	功能
x	被统计的数据

该函数用法的范例如下：

```
> x <- 1:10
> summary(x)
Min. 1st Qu.  Median    Mean 3rd Qu.    Max.
1.00   3.25    5.50     5.50   7.75    10.00
```

其中，1st Qu 和 3st Qu 分别为第一分位数和第三分位数。中位数和平均数也是相当重要的数据指标。

summary 也可以用于矩阵的汇总统计，范例如下：

```
> summary(matrix(1:10,5:2,byrow=TRUE))
     V1        V2
Min. :1   Min. 2
1st Qu.:3 1st Qu.: 4
```

```
Median :5 Median: 6
Mean :5   Mean: 6
3rd Qu.:7 3rd Qu.: 8
Max.:9    Max. :10
```

❖ mean——计算相对次数

语法：mean(x)

其中的自变量及功能见表 7-11。

表7-11

自变量	功能
x	被计算的向量

以下为该函数用法的范例：

```
> x
[1]  1 2 3 4 5 6 7 8 9 10
> mean(x > 0)
[1] 1
> mean(x > 9)
[1] 0.1
```

设置一个逻辑判断式，对向量内的值进行判断后产生逻辑值 0 与 1，计算出逻辑值次数后计算平均值。

用法相当简单，只是统计者必须找出该逻辑判断式。mean 函数也可以用来计算平均值、向量平均值以下的相对次数，用法如下：

```
> mean(x)
[1] 5.5
> mean(x > mean(x))
[1] 0.5
```

❖ table——建立列联表

语法：table(x,y)

其中的自变量及功能见表 7-12。

表7-12

自变量	功能
x	列向量
y	行向量

该函数用法的范例如下：

```
> x
[1]  1 2 3 4 5 6 7 8 9 10
> table(x)
x
 1 2 3 4 5 6 7 8 9 10
 1 1 1 1 1 1 1 1 1 1
> table(x,x)
```

```
         x
x         1 2 3 4 5 6 7 8 9 10
     1    1 0 0 0 0 0 0 0 0  0
     2    0 1 0 0 0 0 0 0 0  0
     3    0 0 1 0 0 0 0 0 0  0
     4    0 0 0 1 0 0 0 0 0  0
     5    0 0 0 0 1 0 0 0 0  0
     6    0 0 0 0 0 1 0 0 0  0
     7    0 0 0 0 0 0 1 0 0  0
     8    0 0 0 0 0 0 0 1 0  0
     9    0 0 0 0 0 0 0 0 1  0
     10   0 0 0 0 0 0 0 0 0  1
```

可以调用 table 函数制作列联表后，再用 summary 汇总统计信息。

❖ quantile——计算分位数

语法：quantile(x)

其中的自变量及功能见表 7-13。

表7-13

自变量	功能
x	数据

该函数用法的范例如下：

```
> x
[1]  1  2  3  4  5  6  7  8  9 10
> quantile(x)
  0%   25%   50%   75%  100%
1.00  3.25  5.50  7.75 10.00
```

计算分位数的向量都会被重新排列后进行计算，范例如下：

```
> y <- sample(1:10)
> y
[1]  2  6  3  4  7  9 10  5  8  1
> quantile(y)
  0%   25%   50%   75%  100%
1.00  3.25  5.50  7.75 10.00
```

❖ scale——将数据转换为 z 分数

语法：scale(x)

其中的自变量及功能见表 7-14。

表7-14

自变量	功能
x	数据

使用该函数的范例如下：

```
> x
```

```
[1]  1  2  3  4  5  6  7  8  9 10
> scale(x)
        [,1]
[1,] -1.4863011
[2,] -1.1560120
[3,] -0.8257228
[4,] -0.4954337
[5,] -0.1651446
[6,]  0.1651446
[7,]  0.4954337
[8,]  0.8257228
[9,]  1.1560120
[10,]  1.4863011
attr(,"scaled:center")
[1] 5.5
attr(,"scaled:scale")
[1] 3.02765
```

scale 函数会将数据标准化，并以矩阵化的格式返回。

❖ t.test——检验样本的平均数

语法：t.test(x)

其中的自变量及功能见表 7-15。

表7-15

自变量	功能
x	数据

使用该函数的范例如下：

```
> x
[1]  1  2  3  4  5  6  7  8  9 10
> t.test(x)

One Sample t-test

data:  x
t = 5.7446, df = 9, p-value = 0.0002782
alternative hypothesis: true mean is not equal to 0
95 percent confidence interval:
3.334149 7.665851
sample estimates:
mean of x
      5.5
```

T 检验是统计学重要的工具，它以样本为基础，通过样本平均数进行运算推导。

7.2.2 评估置信区间

假设有母体抽样的样本数据，想要建立母体的置信区间，就必须使用 t.test 函数中的参数

conf.level。

在 t.test 函数中，默认的置信区间水平为 95%，若要设置其他水平，则必须修改参数。

用 t.test 获取样本概率的范例如下：

```
> x
[1]  1  2  3  4  5  6  7  8  9 10
> t.test(x)

	One Sample t-test

data:  x
t = 5.7446, df = 9, p-value = 0.0002782
alternative hypothesis: true mean is not equal to 0
95 percent confidence interval:
3.334149 7.665851
sample estimates:
mean of x
      5.5
```

在这个范例中，平均数的置信区间为 $3.334149 < u < 7.665851$，将置信区间的水平提高到 98% 的范例如下：

```
> t.test(x,conf.level=0.98)

	One Sample t-test

data:  x
t = 5.7446, df = 9, p-value = 0.0002782
alternative hypothesis: true mean is not equal to 0
98 percent confidence interval:
2.798679 8.201321
sample estimates:
mean of x
      5.5
```

若将置信水平调到 98%，则置信区间也调整到 $2.798679 < u < 8.201321$。

❖ wilcox.test——建立中位数的置信区间

语法：wilcox.test(x)

其中的自变量及功能见表 7-16。

表7-16

自变量	功能
x	数据

使用该函数的范例如下：

```
> x
[1]  1  2  3  4  5  6  7  8  9 10
> wilcox.test(x)
```

```
Wilcoxon signed rank test

data: x
V = 55, p-value = 0.001953
alternative hypothesis: true location is not equal to 0
```

计算平均数的置信区间是统计学上常用的统计程序，但对于中位数计算置信区间则不是如此，仅有几种方式需要用中位数计算置信区间。而 wilcox.test 函数是计算中位数置信区间相当标准的函数。

7.2.3　执行统计检验

本小节将介绍统计检验中的函数。

❖ prop.text——检验样本比例

语法：prop.text(x)
其中的自变量及功能见表 7-17。

表7-17

自变量	功能
x	成功次数
n	样本大小
p	概率

假设成功次数为 22，总样本数为 40，则胜率为 0.5，prop.text 函数会检验 $p=0.5$ 是否成立。使用该函数的范例如下：

```
> prop.test(22,40,0.5)
    1-sample proportions test with continuity correction

data:  22 out of 40, null probability 0.5
X-squared = 0.225, df = 1, p-value = 0.6353
alternative hypothesis: true p is not equal to 0.5      ←———— p 不等于 0.5
95 percent confidence interval:
0.3865897 0.7039696
sample estimates:
 p
0.55
```

设置参数 alternative='greater'，用于检验 p 是否大于 0.5，参考如下范例：

```
> prop.test(22,40,0.5,alternative='greater')
    1-sample proportions test with continuity correction

data:  22 out of 40, null probability 0.5
X-squared = 0.225, df = 1, p-value = 0.3176
alternative hypothesis: true p is greater than 0.5      ←———— p 大于 0.5
95 percent confidence interval:
```

```
0.4096057 1.0000000
sample estimates:
 p
0.55
```

若要建立比例的置信区间，则可以直接设置成功次数以及样本数，prop.text 函数会直接通过 95%置信水平计算真实比例的置信区间，方法如下：

```
> prop.test(22,40)
1-sample proportions test with continuity correction

data:  22 out of 40, null probability 0.5
X-squared = 0.225, df = 1, p-value = 0.6353
alternative hypothesis: true p is not equal to 0.5   ←——————— p 不等于 0.5
95 percent confidence interval:
0.3865897 0.7039696
sample estimates:
 p
0.55
```

❖ shapiro.test——检验正态性

语法：shapiro.test(x)

其中的自变量及功能见表 7-18。

表7-18

自变量	功能
x	数据

使用该函数的范例如下：

```
> x
[1] 4 4 3 5 3 3 2 3 3 4 3 2 4 3 2
> shapiro.test(x)

          Shapiro-Wilk normality test

data:  x
W = 0.8816, p-value = 0.0502
```

如果统计出 p 小于 0.05，就代表可能是非正态分布。

比较样本平均数必须通过 t.test 函数来进行，可以得知两个母体的平均数是否相同。t.test 函数在 7.2.2 小节的检验样本平均数中有详细的说明。

t.test 函数也可以用来比较两个样本平均数，也就是有两个样本数据，并且共同进行样本数的检验，参考如下操作：

```
> x
[1]  1  2  3  4  5  6  7  8  9 10
> y <- sample(21:30)
> y
[1] 21 28 26 29 22 27 23 24 25 30
```

```
> t.test(x,y)

            Welch Two Sample t-test

data:  x and y
t = -14.771, df = 18, p-value = 1.667e-11
alternative hypothesis: true difference in means is not equal to 0
95 percent confidence interval:
 -22.84466 -17.15534
sample estimates:
mean of x mean of y
      5.5      25.5
```

当我们无法假设母体分布时，就必须进入非参数统计的领域，而 wilcox.test 函数适用于非参数检验。wilcox.test 函数在 7.2.2 小节的中位数计算中有相关的介绍。

wilcox.test 函数用来比较两个非参数样本分布，如果有两个母体的样本，但不确定母体的分布，就可以通过非参数样本分布来测试，范例如下：

```
> x
 [1]  1  2  3  4  5  6  7  8  9 10
> y
 [1] 21 28 26 29 22 27 23 24 25 30
> wilcox.test(x,y)

            Wilcoxon rank sum test data:  x and y

W = 0, p-value = 1.083e-05
alternative hypothesis: true location shift is not equal to 0
```

当 p 值（概率）小于 0.05 时，表示两个母体样本的位置可能偏左或偏右，若大于 0.05，则无法提供相关统计证明母体分布情况。

❖ cor.test——检验相关系数的显著性

语法：cor.test(x,y)

其中的自变量及功能见表 7-19。

表7-19

自变量	功能
x、y	数据

使用该函数的范例如下：

```
> x
 [1]  1  2  3  4  5  6  7  8  9 10
> y
 [1] 21 28 26 29 22 27 23 24 25 30
> cor.test(x,y)

            Pearson's product-moment correlation data:  x and y
```

```
t = 0.65083, df = 8, p-value = 0.5334
alternative hypothesis: true correlation is not equal to 0
95 percent confidence interval:
-0.4720292  0.7482273
sample estimates:
    cor
  0.2242424
```

如果统计出的 p 值小于 0.05，就代表具有统计上显著的相关性；若大于 0.05，则代表没有统计上显著的相关性。

❖ ks.test——检验样本是否有相同的分布

语法：cor.test(x,y)

其中的自变量及功能见表 7-20。

表7-20

自变量	功能
x、y	数据

以下为使用该函数的范例：

```
> x
[1]  1  2  3  4  5  6  7  8  9 10
> y
[1] 21 28 26 29 22 27 23 24 25 30
> ks.test(x,y)

            Two-sample Kolmogorov-Smirnov test

data:  x and y
D = 1, p-value = 1.083e-05
alternative hypothesis: two-sided
```

如果统计出的 p 值小于 0.05，就代表两个样本呈现不同的分布；若大于 0.05，则代表无法证明两者样本间的分布关系。

7.3　图形与模型的应用

本节将介绍统计图表的绘制与线性回归模型。

7.3.1　绘制统计图形

绘制图形在第 5 章已经有了详细的介绍，本章强化了统计与绘制图形之间的应用。

❖ 绘制点图范例

本节通过 R 内置的 cars 变量来产生 50 个二维范例数值并且命名为 S，首先绘制点图，用法如下：

```
> cars
  speed dist
1     4   2
2     4  10
3     7   4
4     7  22
5     8  16
6     9  10
7    10  18
8    10  26
9    10  34
10   11  17
11   11  28
12   12  14
13   12  20
14   12  24
15   12  28
16   13  26
17   13  34
18   13  34
19   13  46
20   14  26
.......
> plot(cars)
```

执行后的结果如图 7-1 所示。

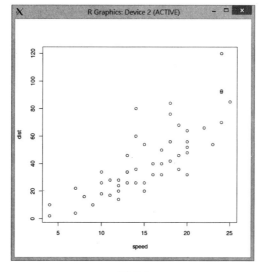

图 7-1

❖ 绘制网格虚线

```
> grid()
```

执行后的结果如图 7-2 所示。

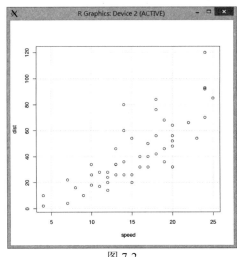

图 7-2

❖ 绘制线性回归线范例

这里的范例将 cars 产生的第一行数值赋给 x，将 cars 产生的第二行数值赋给 y，然后绘制图形。

```
> x<-cars[,1]
> x
 [1]  4  4  7  7  8  9 10 10 10 11 11 12 12 12 12 13 13 13 13 14 14 14 14 15
[25] 15 15 16 16 17 17 17 18 18 18 18 19 19 19 20 20 20 20 20 22 23 24 24 24
[49] 24 25
> y<-cars[,2]
> y
 [1]   2   10   4   22   16   10   18   26   34   17   28   14   20   24   28   26   34   34
[19]  46   26   36   60   80   20   26   54   32   40   32   40   50   42   56   76   84   36
[37]  46   68   32   48   52   56   64   66   54   70   92   93  120   85>
```

执行后的结果如图 7-3 所示。

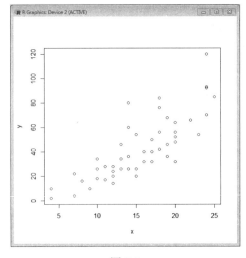

图 7-3

❖ **绘制线性回归线**

使用 lm 函数绘制一条直线，让图 7-3 的点到这条线的距离为最短。

```
> z<-lm(y~x)
> z

Call:
lm(formula = y ~ x)

Coefficients:
(Intercept)    x
-17.579    3.932
> abline(z)
```

执行后得到最佳的直线为 y = 3.932x - 17.579，如图 7-4 所示。

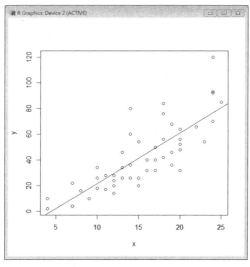

图 7-4

❖ **绘制直方图范例**

```
> matrix(1:20,nrow=2)
     [,1] [,2] [,3] [,4] [,5] [,6] [,7] [,8] [,9] [,10]
[1,]  1    3    5    7    9   11   13   15   17   19
[2,]  2    4    6    8   10   12   14   16   18   20
> barplot(matrix(1:20,nrow=2))
```

执行后的结果如图 7-5 所示。

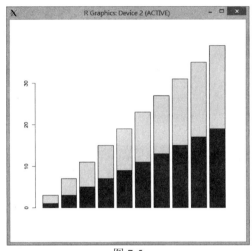

图 7-5

```
> barplot(matrix(1:20,nrow=2),names.arg=paste('No.',1:10))
```

执行后的结果如图 7-6 所示。

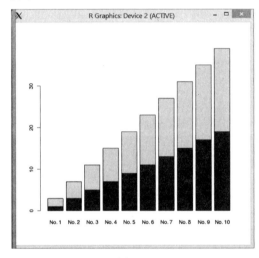

图 7-6

7.3.2　线性回归模型

线性回归模型为最基本的回归模型，只需要通过两个变量以及一个误差项就可以表达基本的线性关系。

同样的逻辑，通过多个误差项可以表达多元的线性关系。

在 R 中，每个用户都可以建立线性模型，通过调用 lm 函数可以执行简单线性回归。

❖　lm——检验简单线性回归

语法：lm(formula)

其中的自变量及功能见表 7-21。

表7-21

自变量	功能
formula	公式

以下为使用该函数的范例：

```
> x
[1]  1  2  3  4  5  6  7  8  9 10
> y
[1]  2  4  6  8 10 12 14 16 18 20
> lm(y~x)

Call:
lm(formula = y ~ x)
Coefficients:
(Intercept)          X
0                    2
```

上述用法中，截距以及 *x* 的回归系数为：

```
Coefficients:
(Intercept)               x
0                         2
```

代表回归方程式为：$y = 0 + 2x$。

lm 函数适用于多元线性回归，在指定公式的右边会输入多个预测变量，并通过加号（+）来进行添加。获取线性回归后，可以通过其他函数来进行回归统计。下面介绍统计回归的函数，见表7-22。

表7-22

函数	说明
anova	变异数分析
coefficients	回归模型系数
confint	回归系数的置信区间
deviance	偏差平方和
effects	正交效果向量
fitted	适配 y 值的向量
residuals	回归模型残差
summary	统计量汇总
vcov	主要参数的变异数/共变量矩阵

线性回归统计的操作如下：

步骤01 实际回归统计，首先将线性回归数据存成变量。

```
> lm( y ~ x ) -> z
> z

Call:
lm(formula = y ~ x)
```

```
Coefficients:
(Intercept)     x
          0     2
```

步骤02 计算统计量汇总。

```
> summary(z)

Call:
lm(formula = y ~ x)

Residuals:
      Min          1Q      Median          3Q          Max
-1.072e-15 -7.221e-17  9.250e-17   3.370e-16   4.117e-16

Coefficients:
            Estimate Std. Error  t value Pr(>|t|)
(Intercept) 0.000e+00  3.351e-16 0.000e+00        1
x           2.000e+00  5.401e-17 3.703e+16   <2e-16 ***
---
Signif. codes:  0 '***' 0.001 '**' 0.01 '*' 0.05 '.' 0.1 ' ' 1
Residual standard error: 4.905e-16 on 8 degrees of freedom Multiple R-squared:      1,
Adjusted R-squared:      1
F-statistic: 1.371e+33 on 1 and 8 DF,  p-value: < 2.2e-16
```

步骤03 计算回归模型残差。

```
> residuals(z)
           1             2             3             4             5
4.116673e-16  -1.071606e-15  2.921310e-16   7.498039e-17   1.100152e-16
           6             7             8             9            10
3.519700e-16   3.719886e-16  -1.121468e-16  -4.765862e-16   4.758639e-17
```

第8章　金融工具的分析与使用

R 语言现在成为许多机构用于经济计量、财经分析、人文科学研究甚至人工智能分析的程序设计语言之一，也是券商等金融领域喜爱的程序语言之一，原因在于开放的环境提供了许多便捷的函数与好用的金融分析工具。在本章中，我们将介绍一些常见的函数工具，并列举一些图形与模型的应用供读者参考。

8.1　金融函数的应用

8.1.1　时间序列分析

时间序列的分析处理是一种动态的统计方式，通过对时间序列的分析可以更确切地明白信息的动向。将时间变为矩阵中的一列可让我们更清楚变化性，对未来进行更准确的预测。

在 R 中，对时间序列的处理内建有 POSIX 类以及相关的处理函数，也有许多处理时间序列格式的软件包，如 xts、zoo 等。每种软件包的格式各有不同，在本小节中将介绍各种不同的处理时间序列的方法。

❖ as.date

在 R 中，对时间序列的处理的基本函数是 as.date，它可将字符串转为日期格式。

```
> as.Date('1995/08/30')
[1] "1995-08-30"
> class('1995/08/30')
[1] "character"
> class(as.Date('1995-08-30'))
[1] "Date"
```

设置日期格式并定义日期输入格式：

```
> as.Date('19950830' ,format='%Y%m%d')
[1] "1995-08-30"
```

❖ POSIX

POSIX 主要用于 UNIX 系统，也适用于其他系统，POSIX 的格式为日期/时间。

POSIX 格式中设计了两个对象类，分别为 POSIXct 和 POSIXlt，这两者的差别在于内部存储的方式不同，POSIXct 存储从 1970 年 1 月 1 日到指定日期累计的秒数，POSIXlt 保存每个时间单位（时、分、秒等）的列表，除非需要 POSIXlt 的列表类型，否则通常会通过 POSIXct 来存储日期的时间序列。

我们通过下列的操作范例来验证 POSIXct、POSIXlt 两个类的存储方式：

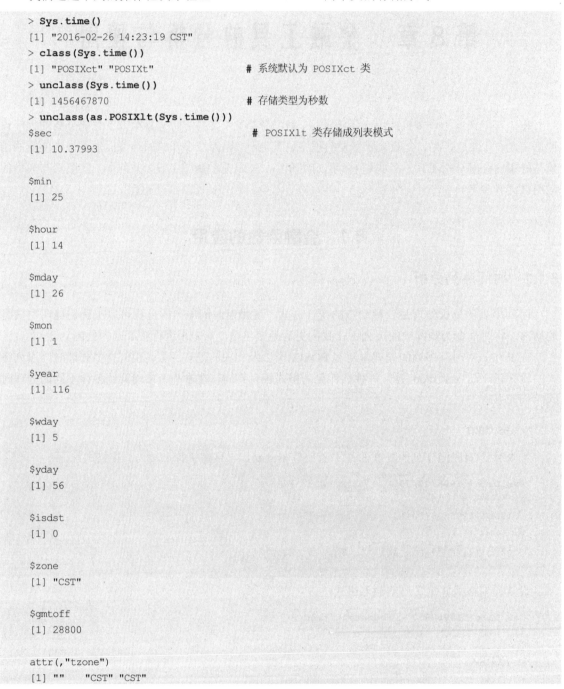

```
> Sys.time()
[1] "2016-02-26 14:23:19 CST"
> class(Sys.time())
[1] "POSIXct" "POSIXt"                    # 系统默认为 POSIXct 类
> unclass(Sys.time())
[1] 1456467870                            # 存储类型为秒数
> unclass(as.POSIXlt(Sys.time()))
$sec                                      # POSIXlt 类存储成列表模式
[1] 10.37993

$min
[1] 25

$hour
[1] 14

$mday
[1] 26

$mon
[1] 1

$year
[1] 116

$wday
[1] 5

$yday
[1] 56

$isdst
[1] 0

$zone
[1] "CST"

$gmtoff
[1] 28800

attr(,"tzone")
[1] ""    "CST" "CST"
```

知道了两种类的存储方式后，就可以运用其存储特性来进行日期数据的计算或运用。要转换 POSIX 格式，可以调用 as.POSIXct、as.POSIXlt 函数来处理，下面介绍这两个函数的用法。

语法：as.POSIXct(x)，as.POSIXlt(x)

其中的自变量及功能见表 8-1。

表8-1

自变量	功能
x	要被转换的对象
tz	时间段
format	字符串的格式
origin	起始日

下面的范例为将指定秒数转换成日期时间格式。

```
> time <- c(10285849600, 10277641600, 10261104000, 10262745600)
> as.POSIXct(z, origin = "1682-10-14")
[1] "2015-01-26 08:00:00 CST" "2014-10-23 08:00:00 CST"
[3] "2017-06-15 08:00:00 CST" "2017-07-04 08:00:00 CST"
```

❖ **ZOO**

zoo 软件包是一个时间序列的基础软件包，zoo 软件包中定义了 S3 类，S3 类可以用于有规则或无规则的时间序列索引。zoo 类在应用方面来看，分为数据部分和索引部分，数据部分就是在一般的 R 语言环境中所用的数据，索引部分则可能是时间、日期、一般索引项。

在 zoo 软件包中，zoo 函数的索引对象是一个独立的对象，可以是有规则与无规则的，而 zooreg（产生有规则的索引序列概念的对象函数）索引对象只能用于有规则的时间序列。zoo 软件包的安装指令为：

install.packages("zoo")

安装完成后，通过 library 函数来加载软件包。

```
> library(zoo)
```

下面开始介绍关于 zoo 的常用函数。

1. zoo——产生索引序列概念的对象函数

语法：zoo(x)

其中的自变量及功能见表 8-2。

表8-2

自变量	功能
x	x 数据对象，可能是矩阵或向量
order.by	唯一的索引向量
frequency	每个索引（时间单位）显示的数量

下面通过范例来介绍 zoo 函数的用法，该范例记录了某人上周体重的变化，并以日期作为时间索引。

```
> lastWeek <- as.Date(Sys.time()) + c(-6,-5,-4,-3,-2,-1,0)
> lastWeek
[1] "2017-07-30" "2017-07-31" "2017-08-01" "2017-08-02" "2017-08-03"
```

```
[6] "2017-08-04" "2017-08-05"
> x
2017-08-05 2017-08-06 2017-08-07 2017-08-08 2017-08-09 2017-08-10 2017-08-11
-0.6733150 -1.3665740  0.7350441 -2.0617211 -1.1145852 -0.5299022  1.3944127
2017-08-12 2017-08-13 2017-08-14
0.1897246  1.5090963  0.7889787
> zoo(x,lastWeek)
2017-07-30 2017-07-31 2017-08-01 2017-08-02 2017-08-03 2017-08-04 2017-08-05
-0.6733150 -1.3665740  0.7350441 -2.0617211 -1.1145852 -0.5299022  1.3944127
```

另外，zoo 函数索引的是一个独立的对象，并未局限于时间序列，下面是以数列为索引的例子：

```
> zoo(matrix(1:10,2:5),1:6)          # 第一列为索引

1 1 3 5 7  9
2 2 4 6 8 10
3 1 3 5 7  9
4 2 4 6 8 10
5 1 3 5 7  9
6 2 4 6 8 10
```

2. zooreg——产生有规则的索引序列概念的对象函数

语法：zooreg(x)

其中的自变量及功能见表 8-3。

表8-3

自变量	功能
data	数据对象，可能为矩阵或向量
start	时间部分，起始时间
end	时间部分，结束时间
frequency	每个索引（时间单位）显示的数量
deltat	连续观测时间周期的几分之几，不能与 frequency 同时出现
ts.eps	时间序列间隔
order.by	唯一的索引向量

下面用范例来介绍 zooreg 函数的用法，以结束日为当前的日期来产生连续日期索引的数据，语句如下：

```
> zooreg(rnorm(8),end=Sys.Date())
2017-07-29 2017-07-30 2017-07-31 2017-08-01 2017-08-02 2017-08-03 2017-08-04
0.6596451 -0.6793255 -0.8808691  1.6868167 -0.3860132  1.5691581  0.9117254
2017-08-05
-0.4535741
> zooreg(rnorm(8),end=Sys.Date(),frequency=2)
2017-08-01 2017-08-02 2017-08-02 2017-08-03 2017-08-03 2017-08-04 2017-08-04
0.9710737 -1.5741663  1.7224466 -0.3373364 -1.8064078  2.6613222 -0.2964990
2017-08-05
-0.2535537
```

3. as.zoo——将其他类的数据转换为 zoo 类

语法：as.zoo(x)

其中的自变量及功能见表 8-4。

表 8-4

自变量	功能
x	数据对象

下面示范通过 as.zoo 函数强制转换一般数列。

```
> as.zoo(sample(1:7))  # 第一列为索引
1 2 3 4 5 6 7
7 6 3 1 4 2 5
```

as.zoo 函数可以与 tz 函数组合，有关 tz 函数的详细说明可以参考第 2 章，范例语句如下：

```
> ts(sample(1:5),start=2016)
Time Series: Start = 2016
End = 2020
Frequency = 1
[1] 1 5 3 2 4
> as.zoo(ts(sample(1:5),start=2016))
2016 2017 2018 2019 2020
  5    3    4    2    1
```

强制转为 zoo 类后，那些数据还可以被转换为其他数据，参考以下范例：

```
> x <- as.zoo(ts(sample(1:5),start=2016))
> as.matrix(x)
x 2016 5
2017 3
2018 1
2019 2
2020 4
> as.vector(x)
[1] 5 3 1 2 4
```

4. coredata——显示或修改 zoo 类数据中的数据部分

语法：coredata(x)

其中的自变量及功能见表 8-5。

表 8-5

自变量	功能
x	对象

coredata 函数可以用来显示 zoo 类的数据部分，语法如下：

```
> x
2016 2017 2018 2019 2020
  5    3    1    2    4
> coredata(x)
[1] 5 3 1 2 4
```

通过 coredata 函数进行数据部分更新，语句如下：

```
> coredata(x) <- 1:5
> x
2016 2017 2018 2019 2020
1    2    3    4    5
```

5. index——显示或修改 zoo 类数据中的索引部分

语法：index(x)

其中的自变量及功能见表 8-6。

表8-6

自变量	功能
x	对象

index 函数可以用来显示 zoo 类的数据部分，语法如下：

```
> x
2016 2017 2018 2019 2020
1    2    3    4    5
> index(x)
[1] 2016 2017 2018 2019 2020
```

更改索引部分，语句如下：

```
> index(x) <- Sys.Date() + c(1,2,3,4,5)
> x
2016-02-28 2016-02-29 2016-03-01 2016-03-02 2016-03-03
1          2          3          4          5
```

6. window——通过索引提取部分数据

语法：window(x)

其中的自变量及功能见表 8-7。

表8-7

自变量	功能
x	对象
index	指定索引条件
start	日期部分，起始日期
end	日期部分，结束日期

window 函数是通过指定索引的条件来提取数据的，概念上有点像 subset 函数（提取数据中的子集），如果要从海量数据中提取部分信息，就可以使用该函数。

以下示范通过 window 函数来提取时间序列数据的部分数据，语句如下：

```
> x <- zooreg(rnorm(10),start=Sys.Date())
> x
2017-08-05   2017-08-06   2017-08-07   2017-08-08   2017-08-09   2017-08-10
-0.21970706  1.48954919  -1.45236906   1.10351874  -0.15183284   0.03611802
2017-08-11   2017-08-12   2017-08-13   2017-08-14
-0.10995306  0.56022137   0.05158628   0.78420617
```

```
> window(x,index=index(x[1:3]))        #提取索引第1到第3个数据
2017-08-05 2017-08-06 2017-08-07
-0.2197071  1.4895492 -1.4523691
> window(x,start='2017-03-01')
#提取索引条件：起始日为2017-03-01
2017-08-05   2017-08-06   2017-08-07      2017-08-08   2017-08-09   2017-08-10
-0.21970706  1.48954919 -1.45236906      1.10351874 -0.15183284  0.03611802
2017-08-11   2017-08-12   2017-08-13      2017-08-14
-0.10995306  0.56022137  0.05158628      0.78420617
```

7. merge——合并多个 zoo 对象

语法：merge(...)

其中的自变量及功能见表 8-8。

表8-8

自变量	功能
…	要合并的 zoo 对象
all	默认为 TRUE，显示不重复的部分
fill	对于 NA 的处理，可填入取代 NA 的对象
suffixes	指定列名称

调用 merge 函数合并 zoo 对象，语句如下：

```
> x <- zooreg(1:10,start=Sys.Date())
> y <- zooreg(1:10,start=Sys.Date()+3)
> x
2017-08-05 2017-08-06 2017-08-07 2017-08-08 2017-08-09 2017-08-10 2017-08-11
1     2     3     4     5     6     7
2017-08-12 2017-08-13 2017-08-14
8     9     10
> y
2017-08-08 2017-08-09 2017-08-10 2017-08-11 2017-08-12 2017-08-13 2017-08-14
1     2     3     4     5     6     7
2017-08-15 2017-08-16 2017-08-17
8     9     10
> merge(x,y,all=TRUE)                  # 重复部分显示（默认）
            X     y
2017-08-05  1     NA
2017-08-06  2     NA
2017-08-07  3     NA
2017-08-08  4     1
2017-08-09  5     2
2017-08-10  6     3
2017-08-11  7     4
2017-08-12  8     5
2017-08-13  9     6
2017-08-14  10    7
2017-08-15  NA    8
2017-08-16  NA    9
2017-08-17  NA    10
```

```
> merge(x,y,all=FALSE)            # 不重复部分不显示
             X  y
2017-08-08   4  1
2017-08-09   5  2
2017-08-10   6  3
2017-08-11   7  4
2017-08-12   8  5
2017-08-13   9  6
2017-08-14  10  7
> merge(x,y,all=TRUE,fill='no value')   # 将 NA 指定为字符串 no value
             x        y
2017-08-05   1        no value
2017-08-06   2        no value
2017-08-07   3        no value
2017-08-08   4        1
2017-08-09   5        2
2017-08-10   6        3
2017-08-11   7        4
2017-08-12   8        5
2017-08-13   9        6
2017-08-14  10        7
2017-08-15   no value 8
2017-08-16   no value 9
2017-08-17   no value 10

> merge(x,y,all=FALSE,suffixes=c('L1','L2'))  # 指定列名称
             L1   L2
2017-08-08   4    1
2017-08-09   5    2
2017-08-10   6    3
2017-08-11   7    4
2017-08-12   8    5
2017-08-13   9    6
2017-08-14  10    7
```

8. rollapply——滚动处理数据

语法：rollapply(x)

其中自变量及功能见表 8-9。

表8-9

自变量	功能
data	对象
width	计算单位
FUN	应用的方式
by	指定计算数
by.colume	逻辑判断，如果为 TRUE，就按每列计算
fill	对于 NA 的处理

使用 rollapply 函数的范例如下：

```
> x <- zoo(1:6, as.Date(Sys.Date()+1:6))
> rollapply(x,2,mean)
2017-08-06 2017-08-07 2017-08-08 2017-08-09 2017-08-10
1.5 2.5 3.5 4.5 5.5
```

9. rollmean/rollmax/rollmedian/rollsum——滚动运算数据

语法：rollmean(x)、rollmax(x)、rollmedian(x)、rollsum(x)

其中的自变量及功能见表 8-10。

表8-10

自变量	功能
x	对象
k	滚动范围，常数宽度
fill	NA 的处理方式
na.pad	fill=NA 替代 na.pad=TRUE

下面介绍滚动运算数据 rollmean/rollmax/rollmedian/rollsum 等函数的用法，参考如下语句：

```
> x <- zoo(1:5, as.Date(1:5))
> rollmean(x,2)
1970-01-02 1970-01-03 1970-01-04 1970-01-05
1.5             2.5             3.5             4.5
> rollmax(x,5)
1970-01-04
5
> rollmedian(x,5)
1970-01-04
3
> rollsum(x,5)
1970-01-04
15
```

❖ xts

xts 也是一种处理时间序列数据的软件包，那么为什么管理时间序列已经有了 zoo 还需要 xts 呢？这是因为在实际应用中对数据的分析相当多样化且广泛，每个领域的数据都有不同的处理方式，因此需要更多工具来帮助我们整理数据，而 xts 软件包整理并扩展了 zoo 的功能。

xts 承袭了 zoo 的特性，第一：索引；第二：提供更丰富、更多样化的处理时间序列的函数。xts 软件包的安装指令为：

install.packages("xts")

安装完成后，通过 library 函数来加载软件包。

```
> library(xts)
```

下面介绍 xts 软件包中函数的用法。

1. as.xts——将对象定义为 xts 类

语法：as.xts(x)

其中的自变量及功能见表 8-11。

表8-11

自变量	功能
x	对象

以下是介绍 as.xts 函数用法的范例,语句如下:

```
> data(sample_matrix)
> head(sample_matrix)
               Open High  Low Close
2007-01-02 50.03978 50.11778 49.95041 50.11778
2007-01-03 50.23050 50.42188 50.23050 50.39767
2007-01-04 50.42096 50.42096 50.26414 50.33236
2007-01-05 50.37347 50.37347 50.22103 50.33459
2007-01-06 50.24433 50.24433 50.11121 50.18112
2007-01-07 50.13211 50.21561 49.99185 49.99185
> class(sample_matrix)
[1] "matrix"
> xts_sample <- as.xts(sample_matrix)
> class(xts_sample)
[1] "xts" "zoo"
```

2. firstof、lastof——数值转为 xts 类数据

语法:as.xts(x)

其中自变量及功能见表 8-12。

表8-12

自变量	功能
Year、month、day、hour、min、sec	数值
tz	时区

firstof、lastof 是将特定数值转为 xts 类数据,自变量包含年、月、日、时、分、秒、时区。

下面是介绍 firstof、lastof 函数用法的范例,语句如下:

```
> firstof(2016)
[1] "2016-01-01 CST"
> firstof(2016,8)
[1] "2016-08-01 CST"
> firstof(2016,8,30)
[1] "2016-08-30 CST"
> lastof(2016,8,30)
[1] "2016-08-30 23:59:59 CST"
> lastof(2016,8)
[1] "2016-08-31 23:59:59 CST"
> lastof(2016)
[1] "2016-12-31 23:59:59 CST"
```

3. .parseISO8601——从字符串中获取日期始末的函数

语法:as.xts(x)

其中的自变量及功能见表 8-13。

表8-13

自变量	功能
x	字符串
start	起始时间
end	结束时间
tz	时区

.parseISO8601 是通过 xts 内部的子集结构来产生起始和结束时间的。下面是介绍.parseISO8601 函数用法的范例，语句如下：

```
> .parseISO8601('2016-08-30')          # 产生该日的始末时间点
$first.time
[1] "2016-08-30 CST"
$last.time
[1] "2016-08-30 23:59:59 CST"


> .parseISO8601('2016')                 # 产生该年的始末时间点
$first.time
[1] "2016-01-01 CST"
$last.time
[1] "2016-12-31 23:59:59 CST"


> .parseISO8601('2016/2017')            # 通过/指定起始时间
$first.time
[1] "2016-01-01 CST"

$last.time
[1] "2017-12-31 23:59:59 CST"


> .parseISO8601('2016/2017-2')
$first.time
[1] "2016-01-01 CST"

$last.time
[1] "2017-02-28 23:59:59 CST"
```

4. timebase——判断该值是否为时间类

语法：as.xts(x)

其中的自变量及功能见表 8-14。

表8-14

自变量	功能
x	对象

下面是使用 timebase 函数的范例，语句如下：

```
> timeBased(Sys.time())
[1] TRUE
> timeBased(2016)
[1] FALSE
```

5. timebaseseq——产生时间序列

语法：timebaseseq(x)

其中的自变量及功能见表8-15。

表8-15

自变量	功能
x	时间范围，字符串形式
retclass	预期返回的类
length.out	指定长度

也可在 timebaseseq 函数的参数处填入字符串，形式如"'起始 / 结束 / 时间单位'"，也可以是"'起始 :: 结束 :: 时间单位'"。下面通过范例直接介绍 timebaseseq 的使用方式。

如果没有指定时间单位，通常会按照起始日和结束日最小的时间单位排序。

下面是介绍 timebaseseq 函数用法的范例，语句如下：

```
> timeBasedSeq('20160101/20160115')
 [1] "2016-01-01" "2016-01-02" "2016-01-03" "2016-01-04" "2016-01-05"
 [6] "2016-01-06" "2016-01-07" "2016-01-08" "2016-01-09" "2016-01-10"
[11] "2016-01-11" "2016-01-12" "2016-01-13" "2016-01-14" "2016-01-15"
> timeBasedSeq('2016010100/2016010200')
 [1] "2016-01-01 00:00:00 CST" "2016-01-01 01:00:00 CST"
 [3] "2016-01-01 02:00:00 CST" "2016-01-01 03:00:00 CST"
 [5] "2016-01-01 04:00:00 CST" "2016-01-01 05:00:00 CST"
 [7] "2016-01-01 06:00:00 CST" "2016-01-01 07:00:00 CST"
 [9] "2016-01-01 08:00:00 CST" "2016-01-01 09:00:00 CST"
[11] "2016-01-01 10:00:00 CST" "2016-01-01 11:00:00 CST"
[13] "2016-01-01 12:00:00 CST" "2016-01-01 13:00:00 CST"
[15] "2016-01-01 14:00:00 CST" "2016-01-01 15:00:00 CST"
[17] "2016-01-01 16:00:00 CST" "2016-01-01 17:00:00 CST"
[19] "2016-01-01 18:00:00 CST" "2016-01-01 19:00:00 CST"
[21] "2016-01-01 20:00:00 CST" "2016-01-01 21:00:00 CST"
[23] "2016-01-01 22:00:00 CST" "2016-01-01 23:00:00 CST"
[25] "2016-01-02 00:00:00 CST"
> timeBasedSeq('20160101 000000/2016',length=30)
 [1] "2016-01-01 00:00:00 CST" "2016-01-01 00:00:01 CST"
 [3] "2016-01-01 00:00:02 CST" "2016-01-01 00:00:03 CST"
 [5] "2016-01-01 00:00:04 CST" "2016-01-01 00:00:05 CST"
 [7] "2016-01-01 00:00:06 CST" "2016-01-01 00:00:07 CST"
 [9] "2016-01-01 00:00:08 CST" "2016-01-01 00:00:09 CST"
[11] "2016-01-01 00:00:10 CST" "2016-01-01 00:00:11 CST"
[13] "2016-01-01 00:00:12 CST" "2016-01-01 00:00:13 CST"
[15] "2016-01-01 00:00:14 CST" "2016-01-01 00:00:15 CST"
[17] "2016-01-01 00:00:16 CST" "2016-01-01 00:00:17 CST"
[19] "2016-01-01 00:00:18 CST" "2016-01-01 00:00:19 CST"
[21] "2016-01-01 00:00:20 CST" "2016-01-01 00:00:21 CST"
[23] "2016-01-01 00:00:22 CST" "2016-01-01 00:00:23 CST"
[25] "2016-01-01 00:00:24 CST" "2016-01-01 00:00:25 CST"
[27] "2016-01-01 00:00:26 CST" "2016-01-01 00:00:27 CST"
[29] "2016-01-01 00:00:28 CST" "2016-01-01 00:00:29 CST"
```

6. indexClass——查询索引类

语法：indexClass(x)

其中的自变量及功能见表8-16。

表8-16

自变量	功能
x	时间序列对象

下面是介绍 indexClass 函数用法的范例，语句如下：

```
> z
            [,1]
2016-02-29    1
2016-03-01    2
2016-03-02    3
> indexClass(z)
[1] "Date"
```

7. split——分割时间序列对象

语法：split(x)

其中的自变量及功能见表8-17。

表8-17

自变量	功能
x	xts 对象
f	分割单位

默认的分割单位为月，可以通过制定参数 f 来设置按其他时间单位来分割。下面是介绍 split 函数用法的范例，语句如下：

```
> split(z)        # 默认按月分割
[[1]]
[,1]
2016-02-29    1


[[2]]
[,1]
2016-03-01    2
2016-03-02    3


> split(z,f='days')     # 按日分割
[[1]]
            [,1]
2016-02-29    1


[[2]]
            [,1]
2016-03-01    2


[[3]]
```

```
                 [,1]
2016-03-02        3
```

8. to.period——OHLC 格式数据的时序转换

语法：to.period(x)

其中的参数及自变量见表 8-18。

表8-18

自变量	功能
x	OHLC 格式数据

OHLC 是开盘价、最高价、最低价、收盘价，通常用于金融商品的计价，是一种特有的格式。to.period 函数只能通过时间段较小的单位转为时间段较大的单位，例如从日转为周，不能从周转为日。

to.period 类的函数见表 8-19。

表8-19

函数	说明
to.minutes(x)	转分钟
to.minutes3(x)	转 3 分钟
to.minutes5(x)	转 5 分钟
to.minutes10(x)	转 10 分钟
to.minutes15(x)	转 15 分钟
to.minutes30(x)	转 30 分钟
to.hourly(x)	转 1 小时
to.daily(x)	转日
to.weekly(x)	转周
to.monthly(x)	转月
to.quarterly(x)	转季
to.yearly(x)	转年

下面是介绍 to.period 用法的范例，获取 xts 正式的 sample_matrix，sample_matrix 数据格式为 OHLC，语句如下：

```
> data(sample_matrix)
> xts_sample <- as.xts(sample_matrix)
> head(xts_sample)
Open High Low  Close 2007-01-02 50.03978 50.11778 49.95041 50.11778
2007-01-03 50.23050 50.42188 50.23050 50.39767
2007-01-04 50.42096 50.42096 50.26414 50.33236
2007-01-05 50.37347 50.37347 50.22103 50.33459
2007-01-06 50.24433 50.24433 50.11121 50.18112
2007-01-07 50.13211 50.21561 49.99185 49.99185
> to.yearly(xts_sample)
xts_sample.Open xts_sample.High xts_sample.Low xts_sample.Close 2007-06-29   50.03978
51.32342  47.09144  47.76719
```

9. first，last——通过索引提取时间

语法：first(x)，last(x)

其中的自变量及功能见表8-20。

表8-20

自变量	功能
x	OHLC 格式的数据
n	返回数量

first、last 可以通过索引来取值，按照索引的排列提取起始和结束两部分数据，再通过 n 指定返回的数量。

下面是介绍 first、last 函数用法的范例，语句如下：

```
> data(sample_matrix)
> xts_sample <- as.xts(sample_matrix)
> head(xts_sample)
Open High Low  Close
2007-01-02 50.03978 50.11778 49.95041  50.11778
2007-01-03 50.23050 50.42188 50.23050  50.39767
2007-01-04 50.42096 50.42096 50.26414  50.33236
2007-01-05 50.37347 50.37347 50.22103  50.33459
2007-01-06 50.24433 50.24433 50.11121  50.18112
2007-01-07 50.13211 50.21561 49.99185  49.99185
> first(xts_sample,10)
       Open High Low  Close
2007-01-02     50.03978 50.11778 49.95041  50.11778
2007-01-03     50.23050 50.42188 50.23050  50.39767
2007-01-04     50.42096 50.42096 50.26414  50.33236
2007-01-05     50.37347 50.37347 50.22103  50.33459
2007-01-06     50.24433 50.24433 50.11121  50.18112
2007-01-07     50.13211 50.21561 49.99185  49.99185
2007-01-08     50.03555 50.10363 49.96971  49.98806
2007-01-09     49.99489 49.99489 49.80454  49.91333
2007-01-10     49.91228 50.13053 49.91228  49.97246
2007-01-11     49.88529 50.23910 49.88529  50.23910
> last(xts_sample,10)
Open High Low  Close
2007-06-21 47.71012 47.71012 47.61106  47.62921
2007-06-22 47.56849 47.59266 47.32549  47.32549
2007-06-23 47.22873 47.24771 47.09144  47.24771
2007-06-24 47.23996 47.30287 47.20932  47.22764
2007-06-25 47.20471 47.42772 47.13405  47.42772
2007-06-26 47.44300 47.61611 47.44300  47.61611
2007-06-27 47.62323 47.71673 47.60015  47.62769
2007-06-28 47.67604 47.70460 47.57241  47.60716
2007-06-29 47.63629 47.77563 47.61733  47.66471
2007-06-30 47.67468 47.94127 47.67468  47.76719
```

8.1.2 回报率与杠杆原理

❖ 回报率

回报率也称为净回报率，可以想象成存款利率。如果投资人手上有本金 1000 元，全数存入银行，一年之后将本金连利息全部取出为 1030 元，就代表银行存款利息为 3%（0.03），这就是存款利率的解释，但如果这是一笔投资，并不是存款，这个 3%的利率就是这笔投资的回报率。

通常在统计学中，利率会用符号 r 来表示。计算出回报率也就可以得到总回报率，总回报率就代表本金加上利息除以本金，例如上述提到 1 年以后的本金加利息为 1030 元，除以本金 1000 元，就可以得到总回报率 1.03%，总回报率就是 1 加净回报率。基于本金所增生出来的就称为收益。收益不局限于正值或负值，收益为正代表赚了钱，为负则代表赔了钱，上述回报率 3%为正，代表赚了钱。

复利的概念是，如果今天投资人有 1000 元，回报率为 3%，取得一年的收益后有 1030 元，接着第二年又持续进行投资，而第二年回报率持续为 3%，第二年的收益就不是 30 而是 30.9，因为投资人将钱的收益转为本金继续投资，这种本金加上收益再投资的行为称为复利。

复利计算总回报率的公式如下：

$R = (1+r) \times (1+r) \times (1+r) \times ... = (1+r)^n$

在计算公式中，R 为总回报率、r 为回报率、n 为年数。

举个例子，假设今年回报率为 3%，计算复利投资 10 年后的回报率，带入公式如下：

$R = (1+0.03) \times (1+0.03) \times (1+0.03) \times ... = (1+0.03)^{10} = 1.343916$

本金 1000 元，计算到期值（10 年后复利终值）的算法为：到期值＝本金×总回报率＝ 1000×1.343916＝1343.916。下面通过 R 来示范回报率：

```
# 定义本金以及回报率
> r <- 0.03
> capital <- 1000
# 收益计算以及总回报率
> r * capital
[1] 30
> R <- 1 + r
> R * capital
[1] 1030
# 复利计算
> n <- 1:10
> return <- ( 1 + r ) ^ n
> return
 [1] 1.030000 1.060900 1.092727 1.125509 1.159274 1.194052 1.229874 1.266770
 [9] 1.304773 1.343916
> return_capital <- capital * return
> cbind(n,return,return_capital)
     n   return   return_capital
[1,] 1 1.030000     1030.000
[2,] 2 1.060900     1060.900
[3,] 3 1.092727     1092.727
[4,] 4 1.125509     1125.509
```

```
[5,]  5 1.159274    1159.274
[6,]  6 1.194052    1194.052
[7,]  7 1.229874    1229.874
[8,]  8 1.266770    1266.770
[9,]  9 1.304773    1304.773
[10,]   10 1.343916    1343.916
```

下面实际演练一下。例如，2016 年初投资 1000 元本金，假设未来 5 年投资回报率都为 3%，计算复利终值表。

```
> library(xts)
> r
[1] 0.03
> capital
[1] 1000
> n <- 0:5
> n

[1] 0 1 2 3 4 5
> return <- (1+r)^n
> xts(return, timeBasedSeq('2016/2021'))
            [,1]
2016-01-01 1.000000
2017-01-01 1.030000
2018-01-01 1.060900
2019-01-01 1.092727
2020-01-01 1.125509
2021-01-01 1.159274
```

❖ **杠杆原理**

金融的杠杆原理可以用贷款买房来解释，假设购买一栋房子，价值 1000 万，首付 200 万，剩下的 800 万也就是银行贷款，这样购买者只付了 200 万的保证金就可以掌握 1000 万的资产，两者比例为 1 比 5。

接着，如果房子的价值升值到 1100 万，也就是总资产的 10%，但是该笔收益对于保证金率为 50%，这就是杠杆率，以此类推，如果房子的价格跌落 10%，杠杆率会放大收益 5 倍，也就是跌落保证金 50%，此时保证金的回报率为-50%。

杠杆率计算回报率的公式是：

$r_L = L \times r$

上述 r_L 为杠杆回报率，L 为杠杆率，r 为回报率。若杠杆率为 1:5，回报率为-10%，计算杠杆回报率：$r_L = L \times r = 5 \times -10\% = -50\%$

杠杆回报率的计算结果为-50%。杠杆回报率越大，越容易赚进大把银子，也容易倾家荡产，如果保证金全部损失，该投资可能会被金融机构强制终止。下面通过 R 示范杠杆原理：

```
# 保证金以及抵押贷款
> 0.2*1000
[1] 200
> 0.8*1000
```

```
[1] 800
# 杠杆率
> L <- 1/0.2
# 回报率变动
> r = c(0.1,-0.2,0.3)
# 杠杆回报率
> r_L <- L*r
> r_L
[1]  0.5 -1.0  1.5
# 实际亏损
> r_L*1000
[1]  500 -1000  1500
```

8.1.3　债券收益率与期限结构

❖ **债券收益率**

简单来说，债券就是借据，投资者可以定期获得利息并带着到期还本金及利息的保证书向债权人索取金额。债券发行人除了政府外，企业也可以发行，无论以哪种形式，都可以在市场上按照法规进行买卖。

债券分为零息债券和计息债券，零息债券通过复利计算贷款，计息债券则不通过复利计算。零息债券在债券上印有到期日以及债券的面值，如果债券到期，就可以将债券对换成相同数量的钞票，简单举例如下：

如果某公司发行了两年期 1000 元无息债券，投资者在两年后即可拿债券去兑换 1000 元现金，那么现在要用多少钱买债券呢？这个问题取决于该企业要用什么形式来发行。以什么形式来发行，意味着该企业可以决定该债券的利率以及复利的期间，所以每种数据都会影响该债券的现值，也就是投资人买入该债券的价格。

下面提出两种方法来介绍债券的发行方式。

方法一：期间 10 年，利率 5%，每年付息一次，只需要 614 元就能拿到 1000 元。

公式为 $1000/(1.05)^{10} = 613.9133$

方法二：期间 10 年，利率 5%，每季付息一次，只需要 608 元就能拿到 1000 元。

公式为 $1000/(1.0125)^{40} = 608.4133$

以上两种方式的利率、期间相同，但是付息的方式不同，也会造成现值的影响。以上两种计算无息票据的方式在 R 中的计算如下：

```
# 方法一
> 1000/1.05^10
[1] 613.9133
# 方法二
> 1000/1.0125^40
[1] 608.4133
```

接着介绍付息票据，与零息票据的不同之处在于，付息票据每年都会有付给投资者的利息，假如有一张 1000 元的债券，票面利率为 3%，每年会付给投资人 30 元的利息，可是，怎么会有投资人愿意用不变利率的方式来计算利息呢？所以重点在于，该债券的票面利率不一定等于市场利率，而票面利率不等于市场利率的话，就会有利息折现的空间。

计算付息债券现值的公式为利息的年金现值加上本金的复利现值。

下面是介绍付息票据的范例，假设有 1 张 5 年到期的票面利率为 3%且价格为 1000 元的付息债券，市场利率为 5%，通过 R 语言试算现值如下：

```
# 设定年限，计算每年利息
> year <- 1:5
> 1000*0.03
[1] 30
# 计算利息年金折现
> return_int <- 30/1.05^year
> return_int
[1] 28.57143 27.21088 25.91513 24.68107 23.50578
# 计算票据复利现值
> return_bill <- 1000/1.05^5
> return_bond <- sum(return_int,return_bill)
# 付息票据折现值
> return_bond
[1] 913.4105
```

❖ **到期收益率(到期回报率）**

到期收益率的概念其实很简单，用户只要获取 before、after 的价格后就可以计算了。什么是 before、after？也就是投资之前以及之后，假设今天用 614 元买了 10 年的无息票据，价值 1000 元，我们通过公式计算如下：

$$1000/(1+r)^{10}=614$$

r 计算出来后为 0.05，也就代表利率为 5%，而这 5%也就代表到期收益率。

❖ **期限结构**

期限结构专门用于计算不同时期的不同到期收益率，到期收益率的公式如下：

$$y_t=（PAR/P_t）^{1/t}-1$$

PAR 为现值，P_t 代表特定时期的价格，t 为时间。

假设有两年的 1000 元无息票据，第一年现值为 900，第二年现值为 850，很明显不是相同利息计算出来的数字，此时通过 R 计算过程如下：

```
# 计算不同的折现率
> year <- 1:2
> PAR <- 1000
> Price <- c(900,850)
> (PAR/Price)^(1/year) -1
[1] 0.11111111 0.08465229
```

8.1.4 投资组合理论

投资组合理论用于探讨在回报率有一定程度的波动性时，如何组合两种以上的投资来达到回报率的优化。

虽说投资的回报率在现实中是一种随机的变量，但在投资组合理论中，相信投资回报率的平均值是存在的，随机回报率出现在回报率均值附近概率是相当大的。

组合两种投资，假设有两种投资商品，回报率的平均值分别为 0.04、0.07，回报率的波动性分别为 0.12 和 0.18，并且两种投资商品的统计关联性为 0.15。

统计关联性也就是两种投资商品的价格波动是否会连带影响，例如当 A 商品的价格上涨时，B 商品的价格也会连带上涨，而当 A 商品的价格下跌时，B 商品的价格也会连带下跌。

根据上述两种商品的波动性以及它们之间的关联性可以复原二次方形式中的矩阵，然后计算投资组合的波动性。

投资组合平方差的计算是二次方形式的公式，如下所示：

投资组合平方差＝资产比例^2×a 投资波动率^2＋（1-资产比例）^{2}×b 投资波动率^2＋2p（1-p）资产比例×a 资产波动率×b 资产波动率

投资组合的波动率就是投资组合平方差的开方（开根号）。

下面直接通过 R 语言计算两种商品投资组合的回报率，计算过程如下：

```
# 投资组合商品1
> r1 <- 0.04
> sigma1 <- 0.12
# 投资组合商品2
> r2 <- 0.07
> sigma2 <- 0.18
# 投资商品关联性
> rho <- 0.15
# 资金配置
> p =c(0,.1,.2,.3,.4,.5,.6,.7,.8,.9,1)
# 计算投资组合平方差
> variance=p^2*sigma1^2+(1-p)^2*sigma2^2+2*p*(1-p)*(rho*sigma1*sigma
+ 2)
# 计算投资组合波动率
> sigma=sqrt(variance)
> return=r1*p+r2*(1-p)
> cbind(p,sigma,return)
p    sigma return [1,] 0.0 0.1800000  0.070
[2,] 0.1 0.1642291  0.067
[3,] 0.2 0.1494952  0.064
[4,] 0.3 0.1361352  0.061
[5,] 0.4 0.1245921  0.058
[6,] 0.5 0.1154123  0.055
[7,] 0.6 0.1091934  0.052
[8,] 0.7 0.1064556  0.049
[9,] 0.8 0.1074653  0.046
[10,] 0.9 0.1121214  0.043
[11,] 1.0 0.1200000  0.040
> plot(sigma,return,type='o')
```

显示出资产配置图，如图 8-1 所示。

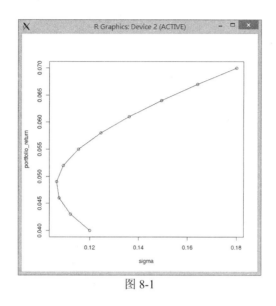

图 8-1

8.2　图形与模型的应用

8.2.1　Black-Scholes 模型

如果市面上有一只股票，目前的市场价格为 10 元，但是如果该股票一年后购买，行权价格为 6 元。换句话说，这只股票如果一年后价格高于 6 元，投资者还是可以按照行权价格 6 元买入，差额就成为投资者的盈余，但是如果一年之后价格低于 6 元的行权价，投资人可以放弃买入该投资商品，因为这是一个认购期权。

获取认购期权就与获取其他金融商品一样，并不是凭空拥有，而认购期权在未来可以通过一定的价格获取特定的金融商品。

投资人用认购该商品的盈余扣除认购期权的价格，才是这次投资的盈余。

假设认购期权为 5 元，而认购的这只股票回报率平均值为 0.05，波动率为 0.11。

股票价格都是随机的，所以 Black-Scholes 模型会产生未来一年内的 100 000 个随机预期价格，如果 100 000 个价格的平均盈余大于 0，就代表认购期权的价格太低，若小于 0，则代表价格太高。

Black-Scholes 模型公式如下：

$$S_T = S_t e^{(r-0.5\sigma^2)(T-t)+\sigma\sqrt{T-t}Z_t}$$

下面通过 R 语言来实践 Black-Scholes 模型：

```
# 设定期间
> time <- 365
# 设定随机产出的价格走势线数量
> n <- 10
# 该认购权证目标现有价格
> S0 <- 10
> dt <- 1/time
```

```
# 商品回报率
> r <- 0.05
# 价格波动率
> sigma <- 0.11
# 随机走势图矩阵产出, Black-Scholes 模型
> S <- matrix((r-0.5*sigma^2)*dt+sigma*sqrt(dt)*rnorm(days*n),
+ ncol=days, nrow=n)
> S <- S0*exp(apply(S,1,cumsum))
> ts.plot(S)
```

随机产出的价格序列走势图如图 8-2 所示。

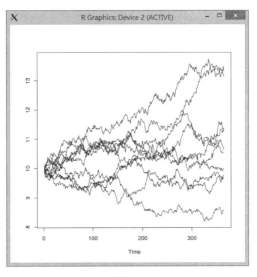

图 8-2

```
> C=5
>
> X <- 6
> C_t=pmax(S[200,]-X,0)
> exp(-r*200*dt)*mean(C_t)-C
[1] -0.6381355
```

8.2.2　套期保值模型

套期保值的意思就是套用期权（或权证）来保存投资的价值，事实上是在金融市场上的一种避险的操作手法，以股票与期权（或权证）同时进行方向相反的持有来进行保险的操作。

例如，买了一只价格为 100 元的股票，希望往后一年的行权价可以维持 80 元的价格，也就是认购期权的行权价。在这样的情况下，投资人可以凭借着认购期权，在一年后股价低于 80 元的情况下，以 80 元的行权价格卖掉股票，而如果价格高于 80 元，投资人可以保留权利，继续持有这只股票，所以认购权证保证股票的最低价，并且不妨碍股票升值的空间。

除了通过商品的投资组合之外，套期保值还能通过将有风险（金融商品）与无风险的投资进行组合（银行定存）操作来实现，例如 1000 万进行一年的定存（假如定存利率为 2%）得到 20 万的收益，再将 20 万进行杠杆操作，进入金融市场交易，或者将资金配置到股票与定存中，根据行

权的日期调整两者的比例。

在 R 中，我们试着以 stock 函数来计算投资股票资金的比例，这个函数所需的参数为 S（股票价格）、X（行权价格）、t（距离到期时间）、r（银行存款净回报）以及股票标准偏差。

计算投资股票资金比例的公式为：

$$p = \frac{S \cdot N(d_1)}{S + put}$$

stock1 函数如下：

```
stock1 <- function(Ps,Px,dt,r,sigma){
d1 <-(log(Ps/Px)+(r+0.5*sigma^2)*dt)/(sigma*sqrt(dt))
d2 <-d1-sigma*sqrt(dt)
Nd1 <-pnorm(d1)
Nd2 <-pnorm(d2)
call <-Ps*Nd1-Px*exp(-r*dt)*Nd2
put <-call-Ps+Px*exp(-r*dt)
price <-Ps*Nd1/(S+put)
return(price)
}
```

套期保值在 R 的执行过程如下：

```
> Ps <- c(10,sample(6:20,52,replace=TRUE))
> Ps
 [1] 10 11 10 15 12 19  6 19 10 10 18 17  8 16 12  6 16 15 16 16 18  8 12 14  8
[26] 12  6 11  7 19 16 14 13  6 20 18 18 14  7 19 18  7 17  9 18 18 11 16 10  9
[51] 12 12 10
> week =0:52
> deposit =300
> Px =rep(50,53)
> dt =1-week/52
> r =0.05
> sigma =0.25
> price =omega(S,X,dt,r,sigma)
> stock.R =c(exp(diff(log(S))),1)
> bond.R =c(rep(1+r/52,52),1)
> R =price*stock.R+(1-p)*bond.R
> cum.R =exp(cumsum(log(R)))
> value =deposit*cum.R
> cbind(week,S,p,1-p,stock.R,bond.R,R,cum.R,value)
> par(mar = c(5, 4, 4, 4) + 0.3)
> plot(week, S,type="o",col="red")
> par(new = TRUE)
> plot(week, value, type = "l", axes = FALSE, bty = "n", xlab ="", ylab = "")
> axis(side=4, at = pretty(range(value)))
```

绘制的图形如图 8-3 所示。

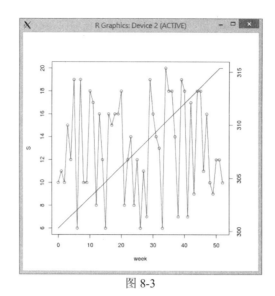

图 8-3

8.2.3　Delta 避险

Delta 是另一种类型的避险方式，又称为自定义投资组合，也就是当组合中某项投资的价值发生变化时，就会有其他反向的投资发生相对应的变化，对此称为 Delta 避险。这个方法为了维持总体价值上的稳定性，投资组合建立后，资金的变动量不大。例如，当长期性的投资有了价格变化时，短期投资就会发生等价相反的价值变化，以此来维持总体价值的稳定性。

假设银行要发行认购期权进行短期投资，必须储备股票（买入股票并长期持有股票）作为长期投资，假设短期权与长投资的价值为 V，C 代表期权，S*N 代表投资总值，S 为投资单位价格，N 为数量，就有了该等式：

V=S*N−C

以银行为例，如果银行发行期权，就必须储备股票，而银行要储备多少股票，原则上要用持有的股票价值抵消掉投资者持有期权的价值变化。如果投资者的期权贬值，银行就不需要准备太多的股票，此时银行可以调整投资组合。

delta 函数内容如下：

```
delta <- function(S,X,dt,r,sigma){
  d1 <-(log(S/X)+(r+0.5*sigma^2)*dt)/(sigma*sqrt(dt))
  Nd1 <-pnorm(d1)
 return(Nd1)
}
```

下面通过 R 来实践 Delta 避险的用法：

```
# 长期股票价格如下
> S
[1]  81  92  82  93  83  90  96  89 100  82  97  80  80  86
# 行权价设定
> X=80
# 设定时间段
```

```
> week=0:13
> dt=1/4-week/52
> r=0.04
> sigma=0.23
# 计算delta
> N=delta(S,X,dt,r,sigma)*10000
> stock.cost=N*S

> stock.change=c(0,diff(N))*S
> R=c(1,rep(exp(r/52),13))
> cost=stock.cost
> intrest.cost=rep(0,14)
# 计算总成本
> for(i in 2:14){
+ cost[i]=cost[i-1]*R[i]+stock.change[i]
+ }
> cbind(week,S,N,stock.cost,stock.change,cost)
```

```
        week  S      N         stock.cost  stock.change  cost
 [1,]   0     81     5996.644  485728.1    0.000         485728.1
 [2,]   1     92     9198.012  846217.1    294525.920    780627.8
 [3,]   2     82     6429.309  527203.4    -227033.642   554194.9
 [4,]   3     93     9473.368  881023.2    283097.430    837718.8
 [5,]   4     83     6931.971  575353.6    -210935.892   627427.6
 [6,]   5     90     9220.396  829835.7    205958.221    833868.6
 [7,]   6     96     9882.910  948759.3    63601.308     898111.6
 [8,]   7     89     9282.262  826121.3    -53457.691    845345.0
 [9,]   8     100    9993.554  999355.4    71129.206     917124.7
[10,]   9     82     6798.284  557459.3    -262012.075   655818.4
[11,]   10    97     9998.126  969818.2    310384.664    966707.8
[12,]   11    80     5225.922  418073.7    -381776.355   585675.3
[13,]   12    80     5159.794  412783.5    -5290.259     580835.7
[14,]   13    86     10000.000 860000.0    416257.751    997540.5
```

8.3　金融软件包的应用：quantmod

在 R 中，关于金融数据分析的工具众多且完善，使得越来越多的公司都以 R 作为策略分析与开发的平台。在本节中，我们将介绍 R 语言中应用于金融的软件包：quantmod，可进行数据的分析、计算与图表的绘制。

quantmod 的全名为 Quantitative Financial Modelling and Trading Framework，是为量化交易者提供根据交易模型来开发、测试与统计分析的一个工具。

8.3.1　安装与加载

quantmod 并不是 R 的内建软件包，因此需要安装后才能使用。在进入 R 之后执行"install.packages("quantmod")"，选择下载点之后即可安装，命令如下：

```
> install.packages("quantmod")
Installing package into '/usr/local/lib/R/site-library' (as 'lib' is unspecified)
--- Please select a CRAN mirror for use in this session ---
1: 0-Cloud [https]              2: 0-Cloud
3: Algeria                      4: Argentina (La Plata)
5: Australia (Canberra)         6: Australia (Melbourne)
7: Austria [https]              8: Austria
9: Belgium (Antwerp)           10: Belgium (Ghent) [https]
11: Belgium (Ghent)            12: Brazil (BA)
13: Brazil (PR)                14: Brazil (RJ)
15: Brazil (SP 1)              16: Brazil (SP 2)
...

89: Taiwan (Chungli)           90: Taiwan (Taipei)
91: Thailand                   92: Turkey (Denizli)
93: Turkey (Mersin)            94: UK (Bristol) [https]
95: UK (Bristol)               96: UK (Cambridge) [https]
97: UK (Cambridge)             98: UK (London 1)
99: UK (London 2)             100: UK (St Andrews)
101: USA (CA 1) [https]       102: USA (CA 1)
103: USA (CA 2)               104: USA (IA)
105: USA (IN)                 106: USA (KS) [https]
107: USA (KS)                 108: USA (MI 1) [https]
109: USA (MI 1)               110: USA (MI 2)
111: USA (MO)                 112: USA (NC)
113: USA (OH 1)               114: USA (OH 2)
115: USA (OR)                 116: USA (PA 1)
117: USA (PA 2)               118: USA (TN) [https]
119: USA (TN)                 120: USA (TX) [https]
121: USA (TX)                 122: USA (WA) [https]
123: USA (WA)                 124: Venezuela

Selection: 90
...


* installing *source* package 'quantmod' ...
** package 'quantmod' successfully unpacked and MD5 sums checked
** R
** demo
** preparing package for lazy loading
Creating a generic function for 'summary' from package 'base' in package 'quantmod'
** help
*** installing help indices
** building package indices
** testing if installed package can be loaded
* DONE (quantmod)


The downloaded source packages are in '/tmp/RtmpMyvzXl/downloaded_packages'
```

到此，就安装完成了。要使用 quantmod 时，必须加载后才能使用其中的函数。我们可以执行"require("quantmod")"来加载 quantmod 软件包：

```
> require("quantmod")
Loading required package: quantmod Loading required package: xts Loading required package: zoo

Attaching package: 'zoo'

The following objects are masked from 'package:base': as.Date, as.Date.numeric
Loading required package: TTR
Version 0.4-0 included new data defaults. See ?getSymbols.
```

因为 quantmod 本身依赖其他软件包，所以加载 quantmod 会同时加载 TTR、curl、xts、zoo 软件包，没有出现错误信息就代表加载成功，而后就可以开始使用 quantmod 中的函数了。

8.3.2　获取数据并绘图

当我们加载 quantmod 软件包后，就能够在 9.1.1 节介绍的许多网站中下载公开的数据进行分析处理，最常下载的来源为新浪财经、腾讯财经、上交所和深交所、Yahoo finance 与 Google finance。下面介绍如何从 Google 获取苹果公司（代号 AAPL[1]）的股价进行分析：

```
> getSymbols("AAPL",src="google")
[1] "AAPL"
> head(AAPL)
AAPL.Open AAPL.High AAPL.Low AAPL.Close AAPL.Volume

2007-01-03    12.33     12.37    11.70    11.97     311433248
2007-01-04    12.01     12.28    11.97    12.24     214031636
2007-01-05    12.25     12.31    12.06    12.15     208817119
2007-01-08    12.28     12.36    12.18    12.21     199431337
2007-01-09    12.35     13.28    12.16    13.22     838036682
2007-01-10    13.54     13.97    13.35    13.86     739605951
> tail(AAPL)
AAPL.Open     AAPL.High      AAPL.Low AAPL.Close     AAPL.Volume
2016-02-25    96.05     96.76    95.25    96.76     27393905
2016-02-26    97.20     98.02    96.58    96.91     28913208
2016-02-29    96.86     98.23    96.65    96.69     34876558
2016-03-01    97.65    100.77    97.42   100.53     50153943
2016-03-02   100.51    100.89    99.64   100.75     33084941
2016-03-03   100.58    101.71   100.45   101.50     36955742
```

我们使用"getSymbols("AAPL",src="google")"就能将苹果股票的每日开、高、低、收、量 5 项信息下载并存到变量：AAPL 中，日期从 2007 年 1 月 3 日至今。

接着使用"barChart"函数绘制柱状图：

```
> barChart(AAPL)
```

绘制的图形如图 8-4 所示。

---

[1] 各地区的股票或其他商品代码在各个交易所的格式不尽相同，如中国的股票代码为6个数字，美国为英文字母组合等。如果要查询美国的股票代码，可到财经网站查询，常见的有 Google：GOOG、苹果：AAPL、Yahoo：YAHO、微软：MSFT 等。

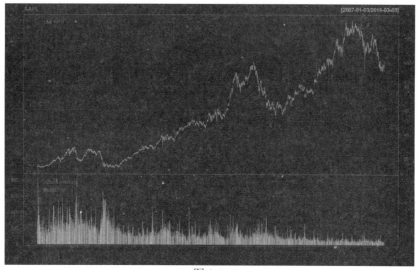

图 8-4

　　AAPL 变量本身为 xts 的格式，能够轻松地选择时间段，例如要获取 2016 年 1 月份的数据，可用"AAPL["2016-01"]"获取；若要获取 2014 年 3 月 1 日至 2014 年 5 月 15 日的数据，则可用"AAPL["2014-03-01/2014-05-15"]"获取。

　　下面以 AAPL 中 2016 年 1、2 月份的数据来进行示范：

```
> barChart(AAPL["2016-01/2016-02"])
```

　　使用"AAPL["2016-01/2016-02"]"能够获取 2016 年 1、2 月份的数据，并且通过"barChart"将内容绘出，如图 8-5 所示。

图 8-5

　　通过调用"candleChart"能够绘出蜡烛图（K 线图）：

```
> candleChart(AAPL["2016-01/2016-02"])
```

执行后,绘出的图形如图 8-6 所示。

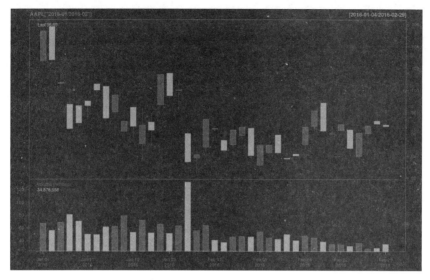

图 8-6

图形的上方为 K 线直方图,下方为成交量。

8.3.3 数据的读取

在 8.3.2 小节中,我们通过 Google 获取股票的历史数据,如果不指定下载的位置,就会默认从 Yahoo finance 下载,如下所示:

```
> getSymbols("BABA") [1] "BABA"
> head(BABA)
           BABA.Open BABA.High BABA.Low BABA.Close BABA.Volume BABA.Adjusted
2014-09-19     92.70     99.70    89.95      93.89   271879400         93.89
2014-09-22     92.70     92.95    89.50      89.89    66657800         89.89
2014-09-23     88.94     90.48    86.62      87.17    39009800         87.17
2014-09-24     88.47     90.57    87.22      90.57    32088000         90.57
2014-09-25     91.09     91.50    88.50      88.92    28598000         88.92
2014-09-26     89.73     90.46    88.66      90.46    18340000         90.46

> class(BABA)
[1] "xts" "zoo"
```

BABA 是阿里巴巴在美国上市的股票代码。在 Yahoo finance 中多了一项信息,称为调整价,字段名为"股票名称.Adjusted"。这个字段可能因用户定义而有所不同,常用的定义方式有"收盘价""开盘价""(开盘价+收盘价)/2",或者四价平均、加权平均等,通常用于算法的计算与判断。

如果要单独取出时间与开盘价的对应,或者时间与收盘价、最高价、最低价、成交量的对应,可分别使用"Op""Cl""Hi""Lo""Vo"5 个函数:

```
> head(Op(BABA))
           BABA.Open
2014-09-19     92.70
```

```
2014-09-22    92.70
2014-09-23    88.94
2014-09-24    88.47
2014-09-25    91.09
2014-09-26    89.73
> head(Cl(BABA))
              BABA.Close
2014-09-19    93.89
2014-09-22    89.89
2014-09-23    87.17
2014-09-24    90.57
2014-09-25    88.92
2014-09-26    90.46
> head(Hi(BABA))
              BABA.High
2014-09-19    99.70
2014-09-22    92.95
2014-09-23    90.48
2014-09-24    90.57
2014-09-25    91.50
2014-09-26    90.46
> head(Lo(BABA))
              BABA.Low
2014-09-19    89.95
2014-09-22    89.50
2014-09-23    86.62
2014-09-24    87.22
2014-09-25    88.50
2014-09-26    88.66
> head(Vo(BABA))
              BABA.Volume
2014-09-19    271879400
2014-09-22    66657800
2014-09-23    39009800
2014-09-24    32088000
2014-09-25    28598000
2014-09-26    18340000
```

使用数组的方式（变量名称$列名称）也能将时间与开盘价的对应数据取出，如开盘价：head(BABA$BABA.Open)、最高价：head(BABA$BABA.High)、最低价：head(BABA$BABA.Low)、收盘价：head(BABA$BABA.Close)，举例如下：

```
> head(BABA$BABA.Open)
              BABA.Open
2014-09-19    92.70
2014-09-22    92.70
2014-09-23    88.94
2014-09-24    88.47
2014-09-25    91.09
2014-09-26    89.73
```

至此可知：xts 的格式事实上是多个"列"合并而成的，每列都是一个矩阵类型，包含时间与对应的数据。

同样，如果要取出固定的时间范围，可以用"[年]""[年-月]"或者"[开始时间/结束时间]"来取出数据，如"BABA["2014-10"]""BABA["2014-10-01/2015-03-31"]"。

要获取外汇的数据，需从 OANDA 下载，如下所示：

```
> setSymbolLookup(EURUSD=list(name="EUR/USD",src="oanda"))
> getSymbols("EURUSD")
[1] "EURUSD"
> head(EURUSD)
EURUSD
2014-10-22 1.2694
2014-10-23 1.2648
2014-10-24 1.2659
2014-10-25 1.2671
2014-10-26 1.2671
2014-10-27 1.2695
```

第一行是要求从 oanda 处获取货币对"EUR/USD"数据，并存为变量"EURUSD"，第二行从第一行定义的地址下载。由于外汇并非集中市场，因此除了少数的公司自行提供撮合机制之外，一般不会有成交量的信息。

8.3.4　K 线图的绘制

K 线又称为蜡烛线、日本线、阴阳线或红黑线等，源于日本德川时代，当时用来记录米价的波动，后来被应用于股票与期货市场，在东南亚地区特别流行，发展出一门独到的 K 线类型学。

K 线源于日本，被写作"罫"，音译为 kei，因此以发音的首字母 k 翻译为 K line，也就是现在所说的 K 线。K 线表示出一个时间段[1]的 4 个价位的信息：开盘价（Open）、最高价（High）、最低价（Low）、收盘价（Close），这 4 个价位信息常简称为 OHLC。

提示　　K 线呈现的是一个时间段内的数值信息，表现出的是一种图表变化，可视为统计信息的一类。K 线无法呈现逐笔的行情信息，如果要了解每一笔交易的变化，需要读取 Tick 数据。

在 K 线中，我们会通过类似蜡烛的图形来表示这 4 个信息，可以想象一根直立的蜡烛，上下都有烛芯，蜡烛本体的部分为开盘与收盘的范围，上面烛芯的顶端是最高价，下面烛芯的底端为最低价，如图 8-7 所示。

---

[1] 一般常见的时间段包括"分""时""日""周""月""季"，因此我们在 K 线之前会加上时间单位，如"日 K 线"就代表以日为单位的开、高、低、收 4 个价格。时间段越短，精准度越高，一般坊间能取到的最小单位为"分 K"，如果能取到秒级别的信息，就属于高频数据的范畴了。

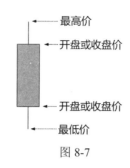

图 8-7

如果收盘价高于开盘价，就代表趋势往上，会以红色（我们用红色表示上涨，而欧美相反，会以绿色表示安全）表示，这时开盘价在下方，收盘价在上方；如果收盘价低于开盘价，就代表趋势往下，会以绿色（我们用绿色表示下跌，而欧美相反，会以红色表示警告）表示，这时开盘价在上方，收盘价在下方，如图 8-8 所示。

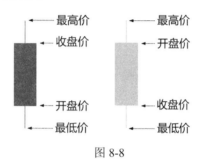

图 8-8

另一种表现方式以实心表示上涨（红 K），空心表示下跌（绿 K），如图 8-9 所示。

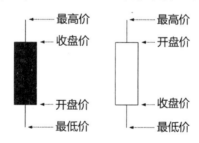

图 8-9

接着使用 8.3.2 小节中介绍的读取方式下载阿里巴巴的股票日 K 线数据：

```
> getSymbols("BABA")
[1] "BABA"
> head(BABA)
BABA.Open BABA.High BABA.Low BABA.Close BABA.Volume BABA.Adjusted

2014-09-19    92.70     99.70    89.95     93.89     271879400    93.89
2014-09-22    92.70     92.95    89.50     89.89      66657800    89.89
2014-09-23    88.94     90.48    86.62     87.17      39009800    87.17
2014-09-24    88.47     90.57    87.22     90.57      32088000    90.57
2014-09-25    91.09     91.50    88.50     88.92      28598000    88.92
```

| 2014-09-26 | 89.73 | 90.46 | 88.66 | 90.46 | 18340000 | 90.46 |

使用 chartSeries 绘出 K 线图：

```
> chartSeries(BABA)
```

绘制的图形如图 8-10 所示。

图 8-10

绘制的图形相当密集，无法看出 K 线图的特点，因此我们将时间范围缩短至 2014-10-01 至 2015-03-31，如下所示：

```
> chartSeries(BABA["2014-10-01/2015-03-31"])
```

新绘制的图形如图 8-11 所示。

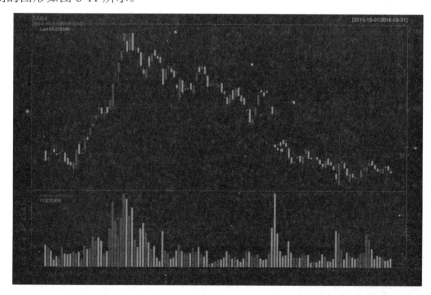

图 8-11

接着将图形根据个人的喜好做些调整，例如使用白色的背景、上涨的 K 线直方图用红色表示、下跌的 K 线直方图用绿色表示、加上标题名称：Ali BABA K-line，并且加上分隔线：

```
> chartSeries(BABA["2014-10-01/2015-03-31"],theme  =  chartTheme("white",  up.col=
'red',dn.col='green'),name="Ali BABA K-line",show.grid = TRUE)
```

其中，theme 的部分为背景与颜色的设置（其中 white 为背景颜色、up.col 为上涨 K 线直方图的颜色、dn.col 为下跌 K 线直方图的颜色），name 为标题文字，show.grid 为是否显示分隔线。绘制的图形如图 8-12 所示。

图 8-12

8.3.5　TTR 技术指标的应用

TTR 是 Technical Trading Rules 的缩写，是应用于 R 语言金融技术指标的软件包，这个软件包依赖于其他软件包，如 zoo、xts、quantmod。

基本上，在安装 quantmod 时，会将相关软件包一同安装，也就是会将 TTR 软件包一同安装，即不用再额外安装 TTR 软件包了。

TTR 软件包中有许多金融相关的应用函数，其中常被应用的是技术指标图形的绘制，下面分别介绍几种常用的技术指标图。

下面分别使用任意一个具有 OHLC 数据的 CSV 或者 TXT 文件来进行示范，文件内容类似如下形式：

```
2014-12-18,8902,8927,8857,8857,101959
2014-12-19,8962,9040,8958,9019,148551
2014-12-22,9031,9100,9023,9096,102111
2014-12-23,9134,9140,9097,9115,69671
2014-12-24,9120,9183,9103,9176,93120
2014-12-25,9171,9195,9162,9183,44945
2014-12-26,9178,9230,9173,9226,73031
2014-12-27,9235,9257,9226,9256,27685
```

```
2014-12-29,9245,9336,9241,9314,98236
2014-12-30,9320,9343,9268,9286,92779
2014-12-31,9286,9303,9252,9283,75106
```

❖ 读取文件绘制 K 线图

绘制 K 线图在 8.3.4 小节介绍了，本小节将再次介绍，但是不同的是，本小节的范例将会通过读取文件来获取数据，而不是调用 quantmod 软件包内的数据读取函数。

下面的范例是在读取 OHLC.txt 文件（如果下载的文件以 CSV 为扩展文件名，就在范例程序中把文件名修改为 OHCL.csv，其实 CSV 就是文本文件）后，转换成 xts 类的数据，接着调用 chartSeries 绘制出来。

绘制 K 线图的程序代码如下：

```
library(quantmod)
data <- read.csv("OHLC.txt",header=FALSE)  TXF<- read.zoo(data,header=F,format="%Y-%m-%d")
colnames(TXF)<-c("Open","High","Low","Close","Volume")  TXF <- as.xts(TXF)
TXF_1 <- TXF["2014-12-25/2015-06-25"]
chartSeries(TXF_1, theme = chartTheme("white", up.col='red',dn.col='green'),show. grid = TRUE)
```

绘制的图形如图 8-13 所示。

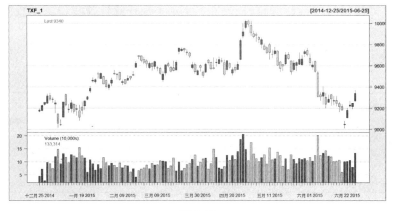

图 8-13

❖ 移动平均线——MA

移动平均线也是常用的指标之一，在 quantmod 中，绘制 MA 相当方便，只需要加上几行程序代码即可。

通常绘制 MA 线都会用两个基准来比较，可能是价格跟 MA 的比较，也可能是两条 MA 相互比较。

绘制 K 线图的程序代码如下：

```
library(quantmod)
data <- read.csv("OHLC.txt",header=FALSE)  TXF<- read.zoo(data,header=F,format="%Y-%m-%d")
colnames(TXF)<-c("Open","High","Low","Close","Volume")  TXF <- as.xts(TXF)
TXF_1 <- TXF["2014-12-25/2015-06-25"]
chartSeries(TXF_1, theme = chartTheme("white", up.col='red',dn.col='green'),show. grid = TRUE)
addEMA(12,col='red')  addEMA(24,col='blue')
```

图形绘制如图 8-14 所示。

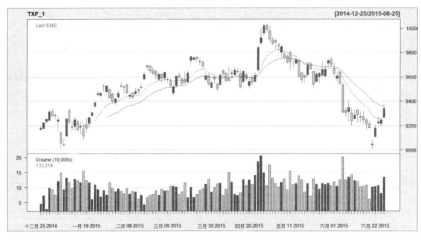

图 8-14

❖ **指数平滑移动平均线——MACD**

指数平滑移动平均线是股票交易中一种常见的指标，用于判断股票的价格变化。该指标通过两条 EMA 计算差值（DIF）后，再对差值进行移动平均计算，就会得到指数平滑移动平均线（MACD）。

在 quantmod 中，绘制 MACD 也相当方便，只需要加上几行程序代码即可。绘制 MACD 图的程序代码如下：

```
library(quantmod)
data <- read.csv("OHLC.txt",header=FALSE)  TXF<- read.zoo(data,header=F,format="%Y-%m-%d")
colnames(TXF)<-c("Open","High","Low","Close","Volume")  TXF <- as.xts(TXF)
TXF_1 <- TXF["2014-12-25/2015-06-25"]
chartSeries(TXF_1, theme = chartTheme("white", up.col='red',dn.col='green'),show. grid = TRUE)
addEMA(12,col='red')  addEMA(24,col='blue')  addMACD()
```

绘制的图形如图 8-15 所示。

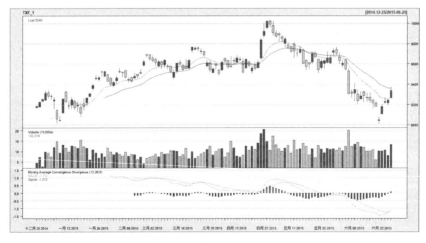

图 8-15

❖ 布尔带——bollinger bands

布尔带结合移动平均线和标准偏差的概念，分为三条线：上轨、中轨、下轨。其中的中轨是20MA，而上轨是 20MA 加上两个标准偏差，下轨则是 20MA 减去两个标准差，简单来说，布尔带就是以 20MA 为中心，上下各两个标准偏差框起来的股价通道。

在 quantmod 中，要绘制布尔带也相当方便，只需要加上几行程序指令即可。绘制布尔带图表的程序代码如下：

```
library(quantmod)
data <- read.csv("OHLC.txt",header=FALSE)  TXF<- read.zoo(data,header=F,format="%Y-%m-%d")
colnames(TXF)<-c("Open","High","Low","Close","Volume")  TXF <- as.xts(TXF)
TXF_1 <- TXF["2014-12-25/2015-06-25"]
chartSeries(TXF_1, theme = chartTheme("white", up.col='red',dn.col='green'),show. grid = TRUE)
addBBands()
```

绘制的图形如图 8-16 所示。

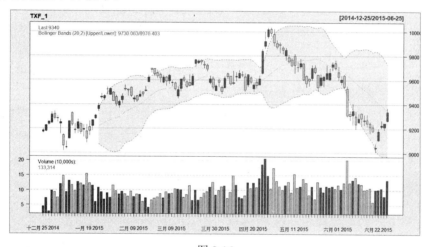

图 8-16

第9章　金融大数据的挖掘

随着云网络的兴起，大数据的旋风席卷到各个领域中，金融这个古老而神秘的专业也随着大数据的挖掘逐渐揭开神秘的面纱。公开的信息越来越多，使得我们可以借助科学工具进行分析，探索其中的规律。

9.1　获取历史数据和信息

交易的历史数据和信息就是交易所每天提供的主要数据和信息，包括成交信息、委托信息、新闻事件等。历史数据和信息代表曾经发生过的事件，不代表未来一定会发生类似的事件，但可以作为分析的依据，并推算出未来发生的可能性。

交易所提供的数据和信息种类相当繁多，一个交易所内可能就提供 10 多个实时的表格数据，其中常用来进行回测的就是成交信息，内容有成交价、成交量以及累计信息。除了成交信息外，还会有委托量、上下五档价量的信息等，这些历史数据和信息都可以通过交易算法来进行回测仿真。

9.1.1　了解数据的来源与获取

每天期货交易所开盘，一般开盘前 15 分钟会开始接收交易人的委托，在开盘之后，交易系统就会帮助撮合产生成交，而形成盘中的交易数据和信息。在盘中除了实时的成交与委托信息外，也会有相关的统计信息被披露，而这些数据和信息能够被用来进行长期回测，让投资人研究金融市场的脉络。

交易所实时披露的信息，一般交易人必须通过信息商或券商来获得；如果要获得以日为单位的历史数据和信息，渠道就相对多一些，可以直接向信息商购买、到交易所官方网站下载、从网络上发布的免费信息中获得。

信息商数据和信息的优势在于数据的完整性，但对于一般用户来说太过复杂，并且费用也太高，而在网络上下载往往只能取得不完整的信息，例如成交披露的信息，大家往往只能取得价量，但实际上成交价量的表格中还有许多珍贵的数据和信息，例如价格披露字段、累计买卖的合约数量等，这些都是相当具有参考价值的信息。

一般我们在网络上提取的数据（Open Data）都是经过简化的数据，格式可能是按 K 线图提供的，格式如下：

时间（小时：分钟）、开盘价、最高价、最低价、收盘价

9.1.2　了解时间单位不同的差距

在网络上获取的信息与交易所实际披露的信息往往最大的差异是来自时间的字段。交易所披露的成交信息中会有撮合时间和报价时间，其中撮合时间是交易主机系统中买卖方的相同数量委托单撮合时刻的时间，而报价时间是交易所披露报价时刻的时间。

除了时间字段以外，还有数据密度方面的差别，例如交易所原本披露的时间字段密度到百分之一秒，而网络数据只提供到秒级别，对于人工交易的投资人而言，可能没有太大差异，但对于程序自动化交易而言，就会发现同一个时间点产生了许多笔交易信息。

举个例子来说，原本数据是 9 点 10 分 10.03 秒与 9 点 10 分 10.55 秒，对于程序而言，两笔数据的时间不一，但对于网络上免费的数据而言可能两笔数据的时间都是 9 点 10 分 10 秒，这对于回测来说就没那么精准了。

下面提供不同的时间单位所绘制出的图形，并比较其差异。首先是由数据密度以"秒"为单位所绘出的 K 线图，如图 9-1 所示。

图 9-1

接下来是由数据密度以"分"为单位所绘出的 K 线图，如图 9-2 所示。

图 9-2

接着是以"5 分钟"为单位的数据密度而绘制出的 K 线图，如图 9-3 所示。

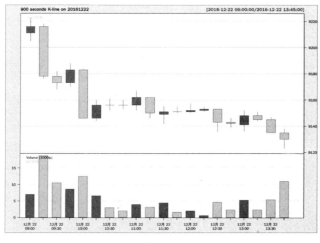

图 9-3

最后是 15 分钟的 K 线图，如图 9-4 所示。

图 9-4

由这 4 张图可以发现：虽然整体的涨跌趋势十分类似，但时间单位更小的图形，可以让我们更快速地发现量能的变化，可提前得知趋势的动向，并能掌握更多的下单机会。

9.1.3 网络上的公开信息

有许多免费或收费的网络平台可以提供金融交易的历史或实时数据。下面列举几个网络上免费提供公开信息的网站，读者可从中查阅或下载需要的数据，并可直接加载到 R 中进行分析与计算。

❖ 网易财经

"网易财经"的网址为 http://money.163.com/，提供市场信息、新闻、投资组合、趋势等信息，从中可以下载金融的历史数据，如股票日 K 线的数据，网站首页如图 9-5 所示。

图 9-5

❖ Economic Research

Economic Research 为美国圣路易斯联邦储备银行，该机构研究宏观经济学，包括国际和地区经济领域，提供大量经济相关的数据，网址为 https://research.stlouisfed.org/fred2/，网站首页如图 9-6 所示。

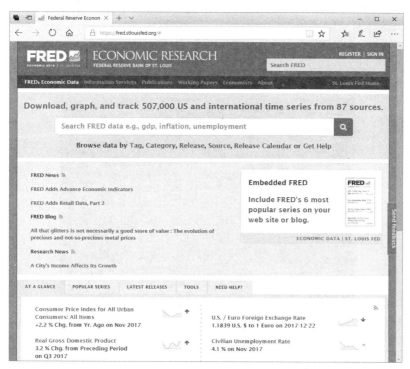

图 9-6

❖ Google Finance

Google Finance 提供市场行情、新闻、投资组合、趋势等信息，可下载金融商品的日 K 线数据，网址为 https://www.google.com/finance，网站首页如图 9-7 所示。

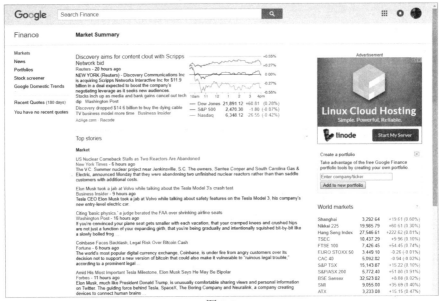

图 9-7

❖ OANDA

OANDA 是一个外汇交易平台，提供交易、对冲与数据服务，可下载外汇历史数据，网址 http://www.oanda.com/，网站首页如图 9-8 所示。

图 9-8

9.2 公司基本资料与股票市场的分析

普遍而言，股票属于中长期投资，而期货属于短期投资，其中主要的原因是股票的日内价格走势波动不像期货那样带杠杆的波动，相对而言不会造成投资人巨大的心理压力。

因此，股票投资往往会通过公司基本面的信息来奠定长期股价发展的趋势，或者通过技术指标来加以辅助判断。本节将介绍如何使用 R 语言切入股票投资市场，以及如何在网络上找到公开、正确的公司信息。

9.2.1　公开信息的分析与获取

❖　证券交易所官方网站

中国有四大证券交易所，如果不算中国台湾地区和中国香港地区的证券交易所，中国大陆地区有上海证券交易所和深圳证券交易所两个证券交易所，这两大证券交易所官方网站的网址分别为 http://www.sse.com.cn/ 和 http://www.szse.cn/。网站上既有股票的盘后信息，又有股票的成交信息。

进入这两个证券交易所的官方网站后，界面如图 9-9 所示。

上海证券交易所网站首页

深圳证券交易所网站首页

图 9-9

在证券交易所官方网站中，可以查询股票的成交信息、收盘行情以及历史交易数据等，但都无法直接下载这些数据。一些门户网站的财经频道也提供类似的公开数据和信息供大众浏览，但是一般没有提供直接下载数据的服务，而提供数据下载服务的专业证券服务网站则需要付费。

不过，网易财经提供数据下载平台，如 9.1.3 小节所述，访问网易财经的首页（网址为 http://money.163.com/），再单击"股票/行情"，界面如图 9-10 所示。

图 9-10

"股票"网页显示出来之后，在屏幕右边的文本框内输入股票代码，如图 9-11 所示，再单击文本框右侧的搜索按钮（"放大镜"图标）。

图 9-11

于是会显示该股票代码对应的"个股行情"网页，如图 9-12 所示，然后选择"资金流向"→"历史交易数据"。

图 9-12

显示出个股的"历史交易数据"网页后，单击屏幕左侧的"下载数据"按钮，就会弹出一个下拉窗口，我们可以从中选择要下载的字段和时间段，再单击"下载"按钮即可把历史数据下载到本地计算机中，如图 9-13 所示。

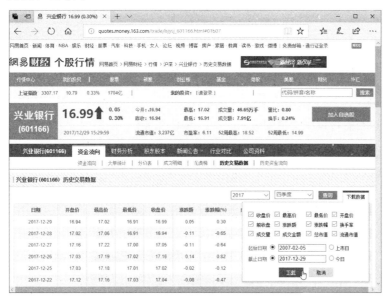

图 9-13

假如我们下载了一个时间段内（单位为交易日）大盘的历史成交数据（例如上证指数），选择了部分主要的字段，如成交量（股）、成交金额、涨跌额、涨跌幅等，并将下载文件存储为"INDEX01.csv"，接着通过 R 语言进行图表绘制及分析。由于下载的数据第 1 行是字段名，需过滤掉，因此在 R 语言中必须先进行字段的处理，再进行图表绘制。

参考以下处理数据的程序代码，将多余的行或字段删除。注意：具体删除的情况取决于读者选择下载的字段数和数据来源的格式，因此下面的程序语句中的数据需要根据具体情况修改。

```
Data <- read.csv("INDEX01.csv",skip= 1, nrow = length(readLines("INDEX01.csv")) - 7) Data <-
Data[,-7]
```

接着绘制每日行情折线图，程序代码如下：

```
plot(1:nrow(Data),as.numeric(Data[,4]),type='l')
```

绘制图表，如图 9-14 所示。

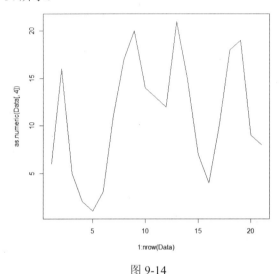

图 9-14

接着绘制每日行情成交量饼图，程序代码如下：

```
pie(as.numeric(Data[,2]),Data[,1],col=rainbow(nrow(Data)),cex=0.6)
```

绘制图表，可查看每日成交量的分布，如图 9-15 所示。

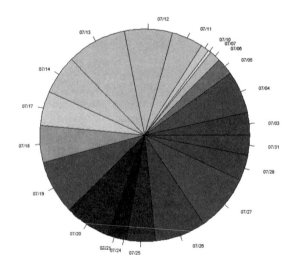

图 9-15

9.2.2 分析公司的基本资料

❖ 公开信息观测站

要查看公司的基本资料，一个方法是去证券交易所官方网站中的上市公司信息披露网页，另一个方法是去具有公信力口碑的第三方独立网站，当然上市公司自己的网站也是一个途径。上市公司发布重大消息的时间以及财务报表更新的日期等都会受到法律的规范约束和监管部门的监管，所以投资人可以随时浏览这些网站，避免自己的投资遭受不必要的损失。

在各个公开披露上市公司信息的网站中可以查看企业公布的重大消息。分析公司基本面的信息最常用的方式就是对企业发布的财务信息继续比较和分析，一般投资人直接阅读财务报表还是有一定难度的（需要一定的财务知识），所以直接从企业披露的关键数据的对比数据中进行分析和判断应该会更加有效率。

接下来将介绍如何从公开网站中获取主要财务指标。还是进入网易财经网站，单击"股票"→输入股票代码，待出现"个股行情"页面后，单击"财务分析"下的"主要财务指标"选项，如图9-16所示。

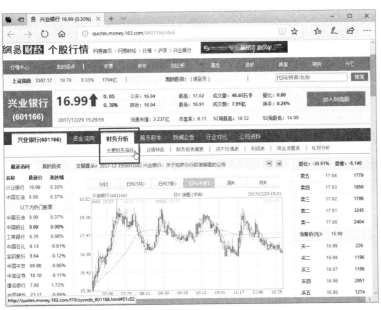

图9-16

显示查询结果网页，主要的内容分为 5 部分：财务报表摘要、盈利能力、偿还能力、成长能力和营运能力。这个网页比较长，图 9-17 所示的截图只是财务报表摘要部分，单击右边的"下载数据"按钮就可以把所需的数据下载到本地，后面 4 部分数据可以分别下载，保存的格式都是 CSV文件格式。

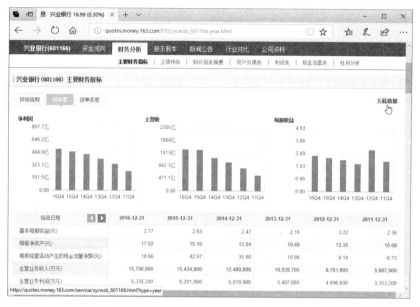

图 9-17

9.2.3 图表的绘制与输出

本小节将介绍如何绘制股票 K 线图。下面使用 OHLC.txt 文件作为范例进行介绍。该文件的字段有日期（*YYYY* 年 *MM* 月 *DD* 日）、股票代码、开盘价（O）、最高价（H）、最低价（L）、收盘价（C）、成交量。

如果读者手头没有 OHLC 这类数据的现成文件，可以参考 9.2.1 节介绍的方法从网易财经网站下载一只个股的历史成交数据，只要其中的数据内容类似如下形式即可：

```
20050103,51,51.5,50.5,51,26028
20050104,50,50.5,49.6,49.6,27438
20050105,48.8,48.8,48.5,48.5,37557
20050106,48.1,48.4,47.9,48,43037
...
```

接下来以下面的程序代码来绘制 K 线图：

```
data <- read.csv("OHLC.txt",header=FALSE) library(quantmod)
OHLC                         <-                    read.zoo(data,header=F,format="%Y%m%d")
colnames(OHLC)<-c("Open","High","Low","Close","Volume")  OHLC1 <- as.xts(OHLC)
OHLC2 <- OHLC1["2016-01-01/2016-12-31"]
chartSeries(OHLC2, theme = chartTheme("white", up.col='red',dn.col='green'),show. grid = TRUE)
```

绘制完成后，结果如图 9-18 所示。

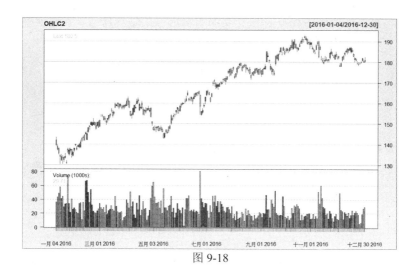

图 9-18

9.2.4 股价的分析与策略

本节将简单介绍价格的策略及分析。一般来说，最常使用的技术指标是移动平均线。

举一个简单的交易策略，当快线（成交价）向上穿越慢线（MA 值）时，可以买进，而当慢线穿越快线时，则是可以卖出离场的时候。

本节使用 9.2.3 节的案例并加以延伸讲解，在 K 线图上添加一条 10 日移动平均线，绘图语句如下：

```
data <- read.csv("OHLC.txt",header=FALSE)  library(quantmod)
OHLC                         <-                    read.zoo(data,header=F,format="%Y%m%d")
colnames(OHLC)<-c("Open","High","Low","Close","Volume")  OHLC1 <- as.xts(OHLC)
OHLC2 <- OHLC1["2016-01-01/2016-12-31"]
chartSeries(OHLC2, theme = chartTheme("white", up.col='red',dn.col='green'),show. grid = TRUE)
addSMA(10)
```

绘制图表的结果如图 9-19 所示。

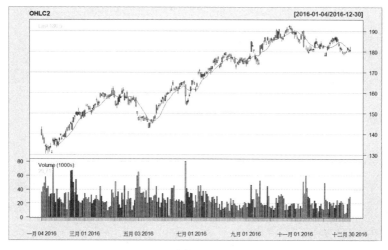

图 9-19

在图 9-19 中，可以利用平均线与 K 线交叉的关系进行策略研判，寻找适合进场获利的机会。

9.3　期货交易的分析与回测

9.3.1　了解期货交易所的数据

期货交易多数采用的是计算机撮合成交方式，期交所会披露每笔成交的信息，这些成交信息都会记录在历史成交数据中。在这些交易信息中，一般都有如下形式的主要数据字段：

```
INFO_TIME,MATCH_TIME,PROD,ITEM,PRICE,QTY,AMOUNT,MATCH_BUY,MATCH_SELL
...
9394968,9394962,TXFH7,128,10310,1,47599,23571,24702
9394993,9394987,TXFH7,128,10311,1,47600,23572,24703
9395006,9394999,TXFH7,128,10311,1,47601,23573,24704
9395006,9395004,TXFH7,128,10310,1,47602,23574,24705
9395006,9395004,TXFH7,128,10310,1,47603,23575,24706
9395168,9395158,TXFH7,128,10310,1,47604,23576,24707
9395168,9395164,TXFH7,128,10310,1,47605,23577,24708
9395468,9395464,TXFH7,128,10311,1,47606,23578,24709
9395581,9395572,TXFH7,128,10310,1,47607,23579,24710
...
```

9.3.2　在 R 中读取交易数据

本小节要介绍的"如何读取数据"不仅介绍通过调用函数读取数据，而且介绍在读取数据后如何运用数据。

首先算法程序必须先获取交易指标数据或历史报价，我们通过调用 read.csv、read. table 相关的函数读取文本文件内的交易数据。

在读取数据后，如何运用才是重点，因为交易所历史数据属于按时间顺序排列的数据，而交易算法也和时间字段息息相关，所以从某种程度上来说，时间格式的掌握度是相当重要的。

时间序列的数据可以通过两种方式来读取，第一种是通过 for 循环；第二种是通过 R 语言的矩阵特性，这两种方式各有其用处。假如要按照时间序列判断当前是否止盈离场，可以通过 for 循环判断；若要获取特定时期的价格高点和低点，则可以直接通过 R 语言的矩阵搭配 max、min 来获得。

在 R 中读取文件可以调用 read.csv 函数，读取后另存到变量中就可以开始用于回测了。read.csv 的用法如下：

变量名称<- read.csv(" 读取文件")

9.3.3　数据的分析与计算

获取期交所的历史数据后，可以用来进行分析及计算，下面通过计算指标的方式进行数据的分析和计算。

下面计算移动平均价进行计算分析。

❖ 移动平均价

该范例是计算 10 分钟的 MA(移动平均价),通过前 9 分钟的收盘价与最新一笔价格进行平均。
程序代码如下:

```
# 读取数据
Index01 <- read.csv(20170815_Index01.csv)

#将时间字段补齐 8 位数

Index01[,1] <- sprintf('%08d',Index01[,1])
Index01[,2] <- sprintf('%08d',Index01[,2])

# 时间转秒数函数
Time2Num <- function(T){
NUM                      <-as.numeric(substr(T,1,2))*360000+as.numeric(substr(T,3,4))*6000+as.
numeric(substr(T,5,8))
    return(NUM)
    }

MAarray <- numeric(0)  Begin <- 3150000
Cycle <- 6000
End <- 4950000

# 开始计算移动平均数 for(i in 1:nrow(Index01))
{

if(length(MAarray)==0){
MAarray <- c(Index01[i,5],MAarray[1:9])
}else{
Cnum <- Time2Num(Index01[i,1])
# 持续更新 Tick
if(Cnum>=Begin & Cnum<Begin+Cycle){ MAarray[1] <- Index01[i,5]
# 一分钟过后 SHIFT MAarray
}else{
MAarray <- c(Index01[i,5],MAarray[1:9])
Begin <- Begin+Cycle  if(Begin==End){
break
}
}
}
print(c(Index01[i,1],Index01[i,5],round(mean(MAarray,na.rm=TRUE),2)))
}
```

若要将指标存成新文件,则可以将上面范例程序中的 cat 函数改为 write.csv 函数。执行输出如
下:

```
...
# 时间字段 当前价 10MA
```

```
09055346  9951 9949.9
09055346  9951 9949.9
09055396  9951 9949.9
09055409  9952 9950
09055421  9953 9950.1
09055421  9952 9950
09055421  9953 9950.1
09055434  9952 9950
09055459  9952 9950
09055484  9951 9949.9
09055509  9952 9950
...
```

9.3.4　图表的绘制与输出

❖　**价格折线图**

获取一整天的股指期货价量就可以绘制出整天的价格走势图，语句如下：

```
Index01<-read.csv("20170815_Index01.csv")
ChartTime                  <-           strptime(sprintf( '%08d',Index01[,2]),"%H%M%S")
plot(ChartTime,Index01[,5],type="l")
```

绘出的图表如图 9-20 所示。

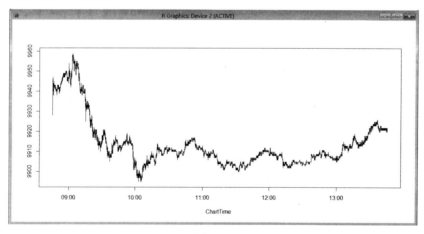

图 9-20

❖　**K 线图**

运用一整天股指期货的价量数据可以绘制出一分钟 K 线走势图以及量图，语句如下：

```
Index01<-read.csv("20170815_Index01.csv")

nOHLC <- function(A,DDate,init_time,final_time)
{
colnames(A)<-c("Date","Time","Name","Price","Amount")
AA<-subset(A,select=c(Time,Price,Amount),subset=(Date == DDate & Time >= as.numeric(init_time)
& Time <=as.numeric(final_time)))
```

```r
if (is.na(AA[1,2]))
{
output<-paste0("",",","",",","",",","",",","0,",","")
return(output)
} O=AA[1,2] H=O
L=O
Amounts=0
for (i in 1:nrow(AA))
{ C=AA[i,2]
Amounts=Amounts+AA[i,3] if (AA[i,2]>H) H=AA[i,2]
if (AA[i,2]<L) L=AA[i,2]
}
output<-paste0(O,",",H,",",L,",",C,",",Amounts,",",O) return(output)
}


TimeToNumber <- function(Time)
{
T<-as.numeric(substring(Time,1,2))*360000+as.numeric(substring(Time,3,4))*6000+as.
numeric(substring(Time,5,6))*100+as.numeric(substring(Time,7,8))
return(T)
}


NumberToTime <- function(T)

{
T1<-sprintf("%02d",T%%100) TT<-trunc(T/100)
T2<-TT%%60
TT<-trunc(TT/60) T3<-TT%%60
T4<-trunc(TT/60)

T2<-sprintf("%02d",T2) T3<-sprintf("%02d",T3) T4<-sprintf("%02d",T4)
return(paste(T4,T3,T2,T1,sep=''))
}


Date<-'20170815'
A<-cbind(Date,Index01[c(1,3,5,6)])
colnames(A)<-c("Date1","Time","Name","Price","Volume")

start_time="08450000" stop_time="13450000" time_step=6000

start_number=TimeToNumber(start_time) stop_number=TimeToNumber(stop_time)
periods= (stop_number-start_number) /time_step

S_time<- numeric(0) E_time<- numeric(0) Indexs<- numeric(0)

MM<- numeric(0)

current_number=start_number for (i in 1:periods)
{
```

```
    S_tmp<-NumberToTime(current_number) S_time<-c(S_time,S_tmp) current_number=current_number +
time_step/2 E_tmp<-NumberToTime(current_number)
    #D1<-as.numeric(MaxofTick(A,Date,S_tmp,E_tmp))

    S_tmp<-E_tmp
    current_number=current_number + time_step/2 E_tmp<-NumberToTime(current_number)

    E_time<-c(E_time,E_tmp)
    #D2<-as.numeric(MaxofTick(A,Date,S_tmp,E_tmp))
    TT<-paste0(substring(E_time[i],1,2),":",substring(E_time[i],3,4),":",substring(E_
time[i],5,6))
    MM<-cbind(MM,paste0(Date," ",TT,",",nOHLC(A,Date,S_time[i],E_time[i])))
    }

    require(quantmod)
    titles<-paste0(time_step/100," seconds K-line on ",Date)
    z<-read.zoo(text=MM,sep=",",header=F,tz=' ',format="%Y%m%d             %H:%M:%S")
colnames(z)<-c("Open","High","Low","Close","Volume","Adjusted")      chartSeries(z,      theme    =
chartTheme("white", up.col='red',dn.col='green'),name= titles,show.grid = TRUE)
```

绘出的图表如图 9-21 所示。

图 9-21

第 10 章　平顺衔接 MATLAB

MATLAB 是一个传统的数学计算与统计分析软件，在学校的应用科学相关领域十分普及，在 R 中提供了一个软件包：MATLAB，可以让原本已经熟悉 MATLAB 的用户能够继续使用 MATLAB 中的函数，平顺衔接 MATLAB。另外，在大量运算的应用中，R 可以结合 C++语言来开发高性能的执行程序，弥补 R 原本计算效率较差的问题。

10.1　MATLAB 的安装与加载

MATLAB 是一个外挂的软件包，需要安装才能使用：

```
> install.packages('matlab')
```

选择适合的镜像站点后即可下载并安装。安装后如果要加载，可执行如下指令：

```
> library(matlab)
```

10.2　介绍 MATLAB 软件包内的函数

加载 MATLAB 软件包后，可以直接使用其内建的函数，现介绍如下：

❖　返回大于或者等于指定表达式的最小整数——ceil

语法：ceil(x)
其中的自变量及功能见表 10-1。

表10-1

自变量	功能
x	数值

范例如下：

```
> ceil(c(0.6,3.7,4.3))
[1] 1 4 5
```

❖　产生空矩阵——cell

语法：cell(x)
其中的自变量及功能见表 10-2。

表10-2

自变量	功能
x	矩阵大小

cell 函数会产生空矩阵，范例如下：

```
> cell(2)
      [,1]        [,1]
[1,] Numeric,0 Numeric,0
[2,] Numeric,0 Numeric,0
> cell(c(3, 2))
      [,1]        [,1]
[1,] Numeric,0 Numeric,0
[2,] Numeric,0 Numeric,0
[3,] Numeric,0 Numeric,0
> cell(c(3, 4))
      [,1]      [,2]      [,3]      [,4]
[1,] Numeric,0 Numeric,0 Numeric,0 Numeric,0
[2,] Numeric,0 Numeric,0 Numeric,0 Numeric,0
[3,] Numeric,0 Numeric,0 Numeric,0 Numeric,0
```

❖ 产生单位矩阵——eye

语法：eye(x)

其中的自变量及功能见表 10-3。

表10-3

自变量	功能
x	矩阵大小

eye 函数会产生单位矩阵，范例如下：

```
> eye(3)
     [,1] [,2] [,3]
[1,] 1    0    0
[2,] 0    1    0
[3,] 0    0    1
> eye(4)
     [,1] [,2] [,3] [,4]
[1,] 1    0    0    0
[2,] 0    1    0    0
[3,] 0    0    1    0
[4,] 0    0    0    1
> eye(5)
     [,1] [,2] [,3] [,4] [,5]
[1,] 1    0    0    0    0
[2,] 0    1    0    0    0
[3,] 0    0    1    0    0
[4,] 0    0    0    1    0
[5,] 0    0    0    0    1
```

❖ 分解质因数——factors

语法：factors(x)

其中的自变量及功能见表 10-4。

表10-4

自变量	功能
x	数字

范例如下：

```
> factors(8)
[1] 2 2 2
> factors(24)
[1] 2 2 2 3
> factors(24535)
[1] 5 7 701
```

❖ 返回文件名部分——fileparts

语法：fileparts(x)

其中的自变量及功能见表 10-5。

表10-5

自变量	功能
x	路径名称

范例如下：

```
> file_name <- fileparts("123.txt")
> file_name
$pathstr
[1] ""

$name
[1] "123"

$ext
[1] ".txt"

$versn
[1] ""

> fullfile(file_name$pathstr, paste(file_name$name, "csv", sep="."))
[1] "/123.csv"
```

更改文件名可通过调用 fullfile 函数来实现，在本节另有介绍。

❖ 找出非零值所在的位置——find

语法：find(x)

其中的自变量及功能见表 10-6。

表10-6

自变量	功能
x	数值或向量

范例如下：

```
> find(c(0, 1, 0, 2, 3, 0, 0, 5))
[1] 2 4 5 8
> find(-2:4 >= 0)
[1] 3 4 5 6 7
```

❖ 无条件舍去至整数——fix

语法：fix(x)

其中的自变量及功能见表 10-7。

表10-7

自变量	功能
x	数值

范例如下：

```
> fix(c(1.3, 3.4, 2.9))
[1] 1 3 2
```

❖ 翻转矩阵——fliplr

语法：fliplr(x)

其中的自变量及功能见表 10-8。

表10-8

自变量	功能
x	向量或矩阵

范例如下：

```
> fliplr(1:9)
[1] 9 8 7 6 5 4 3 2 1
> matrix(1:9, 3, 3, byrow=TRUE)
     [,1] [,2] [,3]
[1,] 1    2    3
[2,] 4    5    6
[3,] 7    8    9
> fliplr(matrix(1:9, 3, 3, byrow=TRUE))
     [,1] [,2] [,3]
[1,] 3    2    1
[2,] 6    5    4
[3,] 9    8    7
```

❖ 在 R 中更改文件名——fullfile

语法：fullfile(...)

其中的自变量及功能见表 10-9。

表10-9

自变量	功能
...	路径部分

范例如下：

```
> fullfile("/home/admin1/123.txt")
[1] "/home/admin1/123.txt"
# 查看是否添加了文件
$ ls /home/admin1/
123.txt
```

❖ 产生 hilbert 矩阵——hilb

语法：hilb(x)

其中的自变量及功能见表 10-10。

表10-10

自变量	功能
x	数值

hilbert 矩阵的计算公式为 $H[i, j] = 1 / (i + j - 1)$，范例如下：

```
> hilb(1)
  [,1]
[1,] 1
> hilb(2)
     [,1]      [,2]
[1,] 1.0  0.5000000
[2,] 0.5  0.3333333
> hilb(3)
     [,1]         [,2]        [,3]
[1,] 1.0000000 0.5000000 0.3333333
[2,] 0.5000000 0.3333333 0.2500000
[3,] 0.3333333 0.2500000 0.2000000
```

❖ 产生图片——imagesc

语法：imagesc(x)

其中的自变量及功能见表 10-11。

表10-11

自变量	功能
x	要计算的表达式

范例如下：

```
> x <- matrix(1:15,3,5,byrow=TRUE)
> imagesc(x,col=jet.colors(15))
```

执行后的结果如图 10-1 所示。

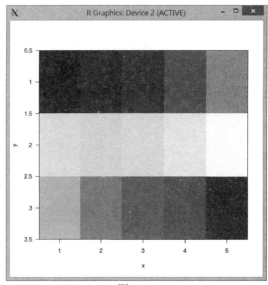

图 10-1

❖ 确定该对象是否为空——isempty

语法：isempty(x)

其中的自变量及功能见表 10-12。

表10-12

自变量	功能
x	对象

范例如下：

```
> isempty(array(NA, c(3, 0, 3)))
[1] TRUE
> isempty(array(NA, c(3, 3, 3)))
[1] FALSE
> array(NA, c(3, 3, 3))
, , 1
     [,1] [,2] [,3]
[1,]  NA   NA   NA
[2,]  NA   NA   NA
[3,]  NA   NA   NA


, , 2

      [,1] [,2] [,3]
[1,]  NA   NA    NA
[2,]  NA   NA    NA
[3,]  NA   NA    NA


, , 3

     [,1] [,2] [,3]
```

```
[1,]  NA  NA  NA
[2,]  NA  NA  NA
[3,]  NA  NA  NA

> array(NA, c(3, 0, 3))
, , 1


[1,]
[2,]
[3,]

, , 2


[1,]
[2,]
[3,]

, , 3


[1,]
[2,]
[3,]
```

❖ 确定该数组内的值为质数——isprime

语法：isprime(x)

其中的自变量及功能见表 10-13。

表10-13

自变量	功能
x	对象

范例如下：

```
> isprime(c(3, 4, 9, 12, 7))
[1] 1 0 0 0 1)
```

❖ 产生颜色数组——jet.colors

语法：jet.colors(x)

其中的自变量及功能见表 10-14。

表10-14

自变量	功能
x	数值

该函数在绘制图形时，可以作为颜色参数，详细说明可参考 imagesc 函数。该函数的范例如下，颜色从深蓝色开始：

```
> jet.colors(10)
[1] "#0000AA" "#0000FF" "#0055FF" "#00AAFF" "#00FFFF" "#55FFAA"
[7] "#AAFF55" "#FFFF00" "#FFAA00" "#FF5500"
```

❖ 产生等差数列——linspace

语法：linspace(x)

其中的自变量及功能见表10-15。

表10-15

自变量	功能
x	起始值
y	终止值
N	数量

范例如下：

```
> linspace(0, 20, 11)
[1]  0  2  4  6  8 10 12 14 16 18 20
```

❖ 产生对数间隔数列——logspace

语法：logspace(x)

其中的自变量及功能见表10-16。

表10-16

自变量	功能
x	起始值
y	终止值
n	数量

范例如下：

```
> logspace(1, pi, 18)
[1] 10.000000 9.341585 8.726521 8.151954 7.615218 7.113821 6.645436
[8]  6.207891 5.799154 5.417329 5.060644 4.727444 4.416182 4.125414
[15]  3.853791 3.600051 3.363019 3.141593
```

❖ 产生魔方矩阵——magic

语法：magic(x)

其中的自变量及功能见表10-17。

表10-17

自变量	功能
x	数值

范例如下：

```
> magic(2)
    [,1] [,2]
[1,] 1    3
[2,] 4    2
> magic(3)
    [,1] [,2] [,3]
[1,] 8    1    6
[2,] 3    5    7
[3,] 4    9    2
```

❖ 产生 x、y 的三维矩阵——meshgrid

语法：meshgrid(x)

其中的自变量及功能见表 10-18。

表10-18

自变量	功能
x、y、z	数字向量

范例如下：

```
> meshgrid(1:3, 10:14)
$x
    [,1] [,2] [,3]
[1,] 1    2    3
[2,] 1    2    3
[3,] 1    2    3
[4,] 1    2    3
[5,] 1    2    3

$y
    [,1] [,2] [,3]
[1,] 10   10   10
[2,] 11   11   11
[3,] 12   12   12
[4,] 13   13   13
[5,] 14   14   14

> meshgrid(1:3)
$x
    [,1] [,2] [,3]
[1,] 1    2    3
[2,] 1    2    3
[3,] 1    2    3

$y
    [,1] [,2] [,3]
[1,] 1    1    1
[2,] 2    2    2
[3,] 3    3    3
```

❖ 计算余数——mod、rem

语法：mod(x)、rem(x)

其中的自变量及功能见表10-19。

表10-19

自变量	功能
x	被除数
y	除数

范例如下：

```
> mod(7, 3)
[1] 1
> rem(7, 3)
[1] 1
```

❖ 产生颜色向量——multiline.plot.colors

语法：multiline.plot.colors(x)

范例如下：

```
> x <- matrix(1:16, nrow=2, byrow=TRUE)
> matplot(x, type="o", col=multiline.plot.colors())
```

执行后的结果如图10-2所示。

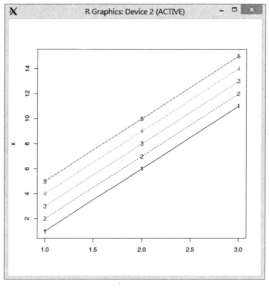

图 10-2

❖ 计算对象维度——ndims

语法：ndims(x)

其中的自变量及功能见表10-20。

表10-20

自变量	功能
x	对象

范例如下：

```
> ndims(1:2)
[1] 2
> ndims(array(1:32,c(2,2,8)))
[1] 3
```

❖ **小于 2 的几次方的值——nextpow2**

语法：nextpow2(x)

其中的自变量及功能见表 10-21。

表10-21

自变量	功能
x	向量

范例如下：

```
> nextpow2(31)
[1] 5
> nextpow2(1:8)
[1] 0 1 2 2 3 3 3 3
```

❖ **计算向量中值的数量——numel**

语法：numel(x)

其中的自变量及功能见表 10-22。

表10-22

自变量	功能
x	向量

范例如下：

```
> numel(44:54)
[1] 11
> numel(c(1,2,3,4,5))
[1] 5
```

❖ **创造全部包含 1 或 0 的矩阵——ones、zeros**

语法：ones(x)、zeros(x)

其中的自变量及功能见表 10-23。

表10-23

自变量	功能
x	范围

范例如下：

```
> ones(3)
     [,1] [,2] [,3]
[1,] 1    1    1
[2,] 1    1    1
[3,] 1    1    1
> ones(c(3,3)
     [,1] [,2] [,3]
[1,] 1    1    1
[2,] 1    1    1
[3,] 1    1    1
> zeros(3)
     [,1] [,2] [,3]
[1,] 0    0    0
[2,] 0    0    0
[3,] 0    0    0
> zeros(c(3, 3))
     [,1] [,2] [,3]
[1,] 0    0    0
[2,] 0    0    0
[3,] 0    0    0
```

❖ 产生 pad 数组——padarray

语法：padarray(x)

其中的自变量及功能见表 10-24。

表10-24

自变量	功能
x	对象
padsize	数量
direction	数组形式

矩阵形式分为 both、pre、post 三种，默认为 both，范例如下：

```
> padarray(1:3, c(0, 1), -5)
     [,1] [,2] [,3] [,4] [,5]
[1,] -5   1    2    3    -5
> padarray(1:3, c(1, 1), -5)
     [,1] [,2] [,3] [,4] [,5]
[1,] -5   -5   -5   -5   -5
[2,] -5   1    2    3    -5
[3,] -5   -5   -5   -5   -5
> padarray(1:3, c(1, 1), -5,"post")
     [,1] [,2] [,3] [,4]
[1,] 1    2    3    -5
[2,] -5   -5   -5   -5
```

❖ 产生 pascal 矩阵——pascal

语法：pascal(x)

其中的自变量及功能见表 10-25。

表10-25

自变量	功能
x	数值
k	特殊形式的数值

范例如下：

```
> pascal(4, 0)
    [,1] [,2] [,3] [,4]
[1,] 1    1    1    1
[2,] 1    2    3    4
[3,] 1    3    6    10
[4,] 1    4    10   20
> pascal(4, 1)
    [,1] [,2] [,3] [,4]
[1,] 1    0    0    0
[2,] 1    -1   0    0
[3,] 1    -2   1    0
[4,] 1    -3   3    -1
> pascal(4, 2)
    [,1] [,2] [,3] [,4]
[1,] -1   -1   -1   -1
[2,] 3    2    1    0
[3,] -3   -1   0    0
[4,] 1    0    0    0
```

❖ **产生 2 的次方向量——pow2**

语法：pow2(x)

其中的自变量及功能见表 10-26。

表10-26

自变量	功能
x	向量

范例如下：

```
> pow2(1:5)
[1] 2 4 8 16 32
> pow2(c(1,2,3,5,6,7))
[1] 2 4 8 32 64 128
```

❖ **产生质数向量——primes**

语法：primes(x)

其中的自变量及功能见表 10-27。

表10-27

自变量	功能
x	数值

primes 函数会产生不大于该数值的所有质数（向量），范例如下：

```
> primes(100)
[1]  2  3  5  7 11 13 17 19 23 29 31 37 41 43 47 53 59 61 67 71 73 79 83 89 97
> primes(1e3)
[1]  2    3    5    7    11   13   17  19   23  29  31   37  41  43   47  53  59   61
[19] 67   71   73   79   83   89   97 101   103 107 109  113 127 131  137 139 149  151
[37] 157  163  167  173  179  181  191 193  197 199 211  223 227 229  233 239 241  251
[55] 257  263 269  271  277  281  283 293  307 311 313  317 331 337  347 349 353  359
[73] 367  373 379  383  389  397  401 409  419 421 431  433 439 443  449 457 461  463
[91] 467  479 487  491  499  503  509 521  523 541 547  557 563 569  571 577 587  593
[109]599  601 607  613  617  619  631 641  643 647 653  659 661 673  677 683 691  701
[127]709  719 727  733  739  743  751 757  761 769 773  787 797 809  811 821 823  827
[145]829  839 853  857  859  863  877 881  883 887 907  911 919 929  937 941 947  953
[163]967  971 977  983  991  997
```

❖ 复制粘贴的矩阵——repmat

语法：repmat(x)

其中的自变量及功能见表 10-28。

表10-28

自变量	功能
x	数值或向量
...	维度的描述

范例如下：

```
> repmat(2, c(3, 3))
    [,1] [,2] [,3]
[1,] 2    2    2
[2,] 2    2    2
[3,] 2    2    2
> repmat(c(2,3), c(3, 3))
    [,1] [,2] [,3]
[5,] 2    2    2
[6,] 3    3    3
```

❖ 重新建构向量或矩阵——reshape

语法：reshape(x)

其中的自变量及功能见表 10-29。

表10-29

自变量	功能
x	数值或向量
...	维度的描述

范例如下：

```
> matrix(1:16, 4: 4)
    [,1] [,2] [,3] [,4]
[1,] 1    5    9    13
[2,] 2    6    10   14
```

```
[3,] 3   7    11   15
[4,] 4   8    12   16

> reshape(matrix(1:16, 4:4),2,2,4)
, , 1

     [,1] [,2]
[1,] 1    3
[2,] 2    4

, , 2

     [,1] [,2]
[1,] 5    7
[2,] 6    8

, , 3

     [,1] [,2]
[1,] 9    11
[2,] 10   12

, , 4

     [,1] [,2]
[1,] 13   15
[2,] 14   16
```

❖　产生 rosser 矩阵——rosser

语法：rosser()

范例如下：

```
> rosser()
     [,1] [,2] [,3] [,4] [,5] [,6] [,7] [,8]
[1,] 611  196  -192 407  -8   -52  -49  29
[2,] 196  899  113  -192 -71  -43  -8   -44
[3,] -192 113  899  196  61   49   8    52
[4,] 407  -192 196  611  8    44   59   -23
[5,] -8   -71  61   8    411  -599 208  208
[6,] -52  -43  49   44   -599 411  208  208
[7,] -49  -8   8    59   208  208  99   -911
[8,] 29   -44  52   -23  208  208  -911 99
```

❖　将矩阵旋转——rot90

语法：rot90(x)

其中的自变量及功能见表 10-30。

表10-30

自变量	功能
x	矩阵
k	旋转次数

范例如下：

```
> matrix(1:9, 3, 3)
     [,1] [,2] [,3]
[1,] 1    4    7
[2,] 2    5    8
[3,] 3    6    9
> rot90(matrix(1:9, 3, 3))
     [,1] [,2] [,3]
[1,] 7    8    9
[2,] 4    5    6
[3,] 1    2    3
> rot90(matrix(1:9, 3, 3) ,k=2)
     [,1] [,2] [,3]
[1,] 9    6    3
[2,] 8    5    2
[3,] 7    4    1
```

❖ 查询矩阵行列的个数——size

语法：size(x)

其中的自变量及功能见表10-31。

表10-31

自变量	功能
x	矩阵或向量

范例如下：

```
> size(matrix(1:9, 3, 3))
An object of class "size_t" [1] 3 3
> size(matrix(1:8, 2, 4))
An object of class "size_t" [1] 2 4
```

❖ 比较字符串——strcmp

语法：strcmp(S,T)

其中的自变量及功能见表10-32。

表10-32

自变量	功能
S、T	比较字符串

范例如下：

```
> strcmp("hello","hi")
[1] FALSE
```

```
> strcmp("hello","hello")
[1] TRUE
```

10.3 Rcpp

10.3.1 认识 Rcpp

Rcpp 是一个 C++的链接软件包，让 R 可以直接使用 C++的语法编译，提升了运算上的性能，特别对于耗时的运算帮助很大，弥补了 R 在高级语言上的弱点。

虽然 Rcpp 提高了 R 语言内建函数的性能，但在使用上仍有一些限制以及适用的范围，说明如下。

❖ 使用 Rcpp 的条件限制

1. 需有 C++的编译环境并安装 Rcpp 的软件包。
2. 顾名思义，Rcpp 就是在 R 中编写 cpp 的语句，因此用户必须了解 C++才能编写程序。
3. 简单的运算或计算次数少的函数，使用 Rcpp 并没有绝对的好处。

❖ 适合使用 Rcpp 的情况

1. 无法转换为向量的重复运算，如迭代类函数。
2. 递归类型的函数调用，如汉诺塔问题。
3. 需要更高精度的计算。

10.3.2 安装工具软件包

下面介绍如何在 Windows 中安装 Rcpp 的工具软件包。

步骤01 安装 R。这里我们安装了 3.4.3 版本的 R，但 R 会不断推出更新的版本，建议读者安装最新版的 R 语言版本。

步骤02 安装 Rtools。Rtool 是 R 语言要 Build Rcpp 时必要的工具，其中包含 C++编译程序。我们可以下载安装文件，安装适合 R 当前版本的工具包，网址为：https://cran.r-project.org/bin/windows/Rtools/，网站页面如图 10-3 所示。

图 10-3

下载 Rtools 34.exe（读者需下载适合当前 R 语言版本的软件包），下载完成后进行安装，首先选择"English"，再单击"OK"按钮以继续，如图 10-4 所示。

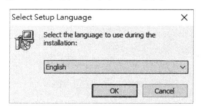

图 10-4

单击"Next"按钮以继续，如图 10-5 所示。

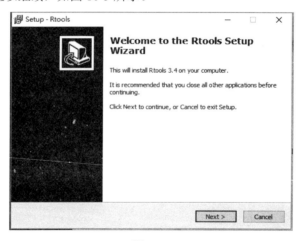

图 10-5

单击"Next"按钮以继续，如图 10-6 所示。

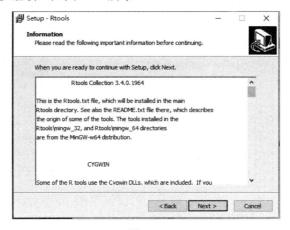

图 10-6

选择安装路径，单击"Next"按钮以继续，如图 10-7 所示。

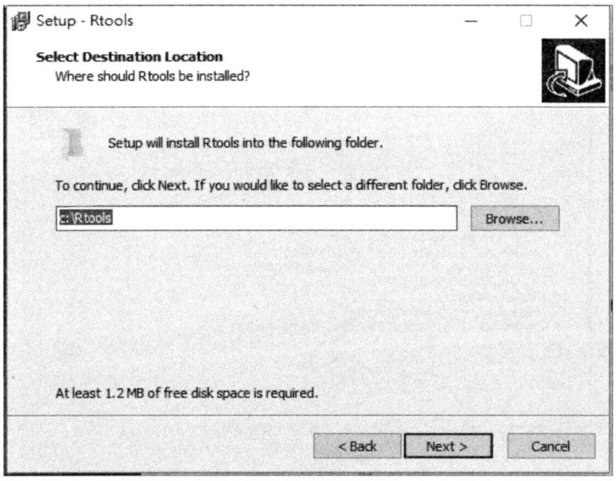

图 10-7

选择安装组件，单击"Next"按钮以继续，如图 10-8 所示。

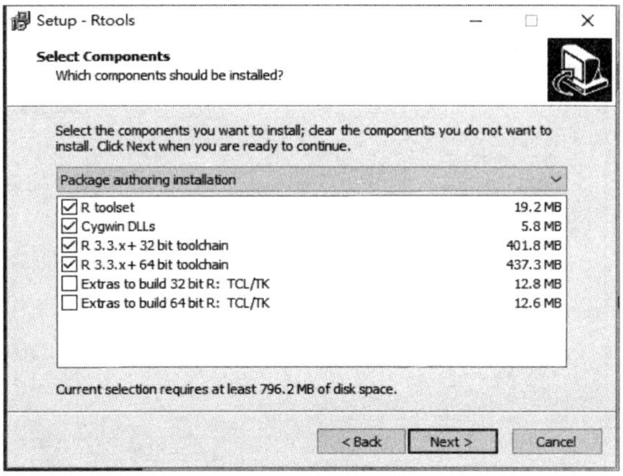

图 10-8

设置是否更改系统环境变量用于 Rcpp 编译，勾选图 10-9 中的两个选项，再单击"Next"按钮以继续。

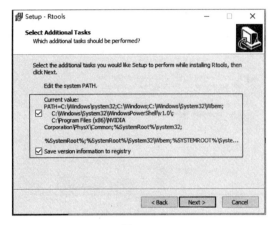

图 10-9

单击"Next"按钮以继续，如图 10-10 所示。

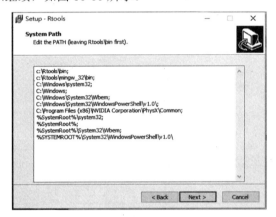

图 10-10

单击"Install"按钮以继续，如图 10-11 所示。

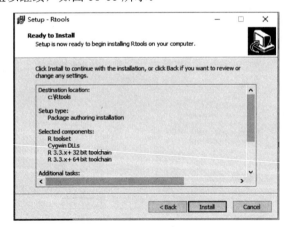

图 10-11

单击"Finish"按钮完成安装，如图 10-12 所示。

图 10-12

步骤03 安装 R 语言软件包。启动 R 语言系统，在命令行执行以下命令来安装 Rcpp 软件包：
install.packages(c("Rcpp", "rbenchmark", "inline"))

10.3.3 Rcpp 范例与性能测试

要测试 Rcpp 是否对性能有明显的改善，使用迭代的数学计算是一个很好的测试范例。例子如下：
$$x_{n+1} = x_n^2 - 2$$
初始范围在-2 和 2 之间，这是一个混沌的迭代模型，只要 x_1 不为 0、2 或-2，这个数列就永远不会收敛，并且会在-2 到 2 的区间，几乎每个点都会触碰到。

如果要在 R 中计算第 n 项，用一个简单的循环如下：

程序名称：g1.R

```
g1 <- function(x,n){
for( i in 1:n){
x=x*x-2
}
return(x)
}
```

输入初始值 x 和第 n 项即可计算结果：

```
> g1(0.1,1000)
[1] -1.30073
```

接着将这个迭代循环使用 Rcpp 来编写，首先加载 Rcpp 软件包：

library(Rcpp) library(inline)

接着在 R 语言内编写 Rcpp：

程序名称：g2.R

```
library(Rcpp) library(inline) cppFunction('
float g2(float x,int n){
```

```
for(int i=1;i<=n;i++){
x=x*x-2;
}
return(x);


} ')
```

在这里我们定义了两个函数：g1 是用 R 的循环产生的函数，g2 是用 Rcpp 编写的函数，接下来我们通过调用 proc.time 这个函数来查看系统时间，并通过执行前后的时间差来比较这两个程序执行性能的差异：

❖ 初始值为 0.1，次数为 1000 次

执行 g1 并计算前后的时间差，程序如下：

程序名称：test1_g1.R

```
start <- proc.time() g1(0.1,1000)
proc.time() - start
```

执行结果如下：

```
> source("test1_g1.R")
[1] -1.30073
user  system elapsed 0 0    0
```

执行 g2 并计算前后的时间差，程序如下：

程序名称：test1_g2.R

```
start <- proc.time()
print(g2(0.1,1000))
print(proc.time() - start)
```

执行结果如下：

```
> source("test1_g2.R")
[1] -1.944291
user  system elapsed 0 0    0
```

比较这两个程序，执行耗时都是 0，代表它们在性能上几乎没有差异。计算结果不同也属于正常范围，因为 R 与 C++的小数点四舍五入位数不同，并且这是一个初始值敏感的混沌系统。

❖ 初始值为 0.1，次数为 5 000 000 次

执行 g1 并计算前后的时间差，程序如下：

程序名称：test2_g1.R

```
start <- proc.time()
print(g1(0.1,5000000))
print(proc.time() - start)
```

执行结果如下：

```
> source("test2_g1.R")
[1] 0.1550556
user  system elapsed 0.25    0.00 0.25
```

执行 g2 并计算前后的时间差，程序如下：

程序名称：test2_g2.R

```
start <- proc.time()
print(g2(0.1,5000000))
print(proc.time() - start)
```

执行结果如下：

```
> source("test2_g2.R")
[1] 1.982718
user  system elapsed 0.03    0.00 0.03
```

g1（R 内建的循环）的执行耗时为 0.25 秒，g2（Rcpp）的执行耗时为 0.03 秒，代表迭代次数增加后就可以逐渐看出性能上的差异了。

❖ **初始值为 0.1，次数为 500 000 000 次**

执行 g1 并计算前后的时间差，程序如下：

程序名称：test3_g1.R

```
start <- proc.time()
print(g1(0.1,500000000))
print(proc.time() - start)
```

执行结果如下：

```
> source("test3_g1.R")
[1] 2
user  system elapsed 22.39    0.00 22.42
```

执行 g2 并计算前后的时间差，程序如下：

程序名称：test3_g2.R

```
start <- proc.time()
print(g2(0.1,500000000))
print(proc.time() - start)
```

执行结果如下：

```
> source("test3_g2.R")
[1] -1.574603
user  system elapsed 1.31    0.00 1.32
```

g1（R 内建的循环）的执行耗时为 22.42 秒，g2（Rcpp）的执行耗时为 1.32 秒，代表迭代次数很大时，性能上的差异会相当明显。另外，R 内建的循环第 n 项计算为 2，代表除了性能外，计算中也产生了较大的误差而导致计算错误。